Basic Notebook
手工缝纫
基础笔记

手工缝纫基础知识

手工缝制的第一步是记住基本的缝纫方法。
根据用途的不同，缝纫方法也随之改变，所以不管是小物件还是衣服都可以缝纫。

穿线的方法

斜着剪掉线的一端，使其更容易地穿过针眼。将线穿过针眼后，为了防止脱落，给线的另一端打上结。

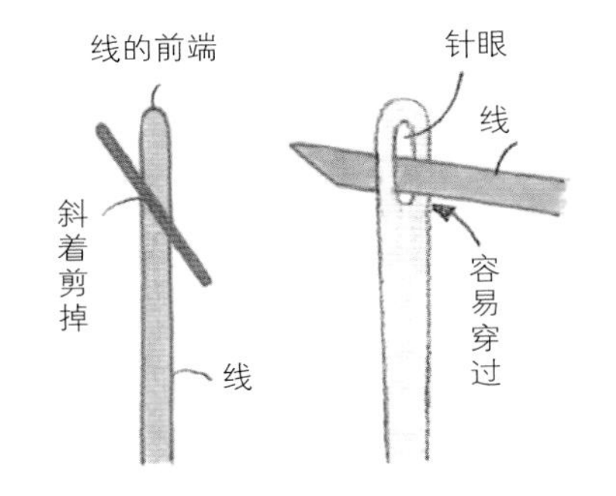

线的长度

取一根线穿过针眼。拿着穿着线的针，线两端的长度差是15cm的话，既不会过短也不会过长，容易缝纫。

中途线用完的情况

若正进行缝纫的线变短了，这时只需停下穿上一根新线。缝完的线打一个死结，然后剪短余线。重新穿上线缝纫时，返回缝两三针接着照原样向前缝即可。

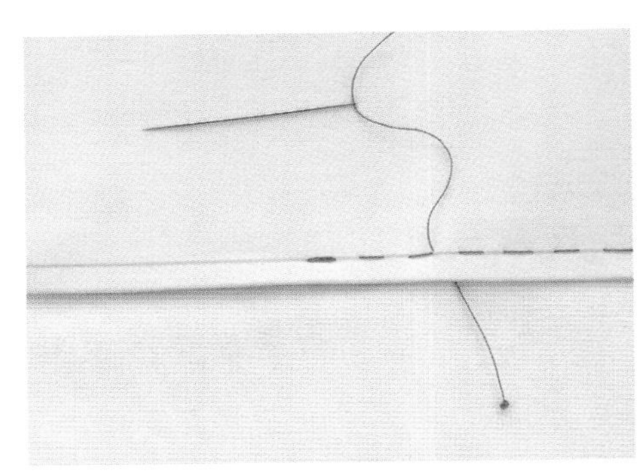

指甲刮平

分开缝份或是将布折成两层、四层时经常使用这种方法。将布沿着折线轻轻地折，然后用左手紧紧压住。右手大拇指的指甲垂直于布，慢慢地沿着折痕向右移动。指尖不会留下清晰的痕迹，要注意。

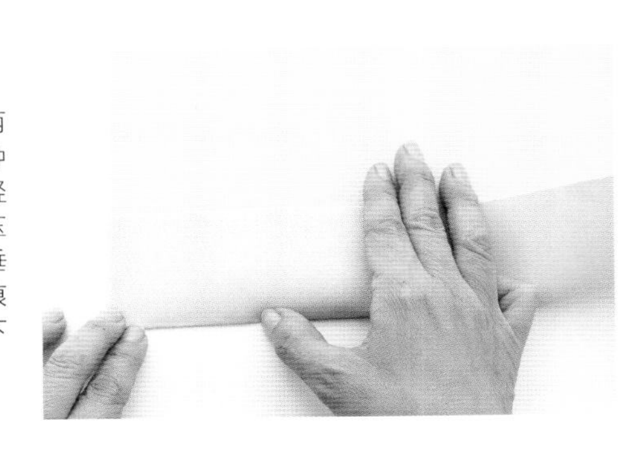

别珠针的方法

用“别”来形容固定珠针的方法。将珠针的针尖对准窝边那一侧，在对着缝纫方向的布上打上直角的话，布料不容易松动而且可以完成得较漂亮。手缝时，珠针别的多的话不容易操作，所以建议一次别四五根，一点一点地缝。

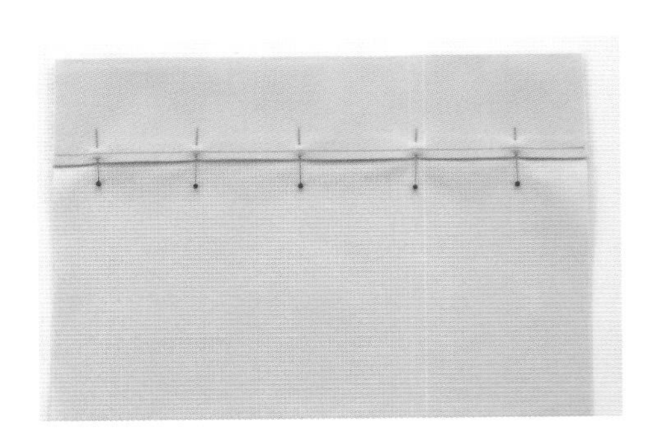

系死结的方法

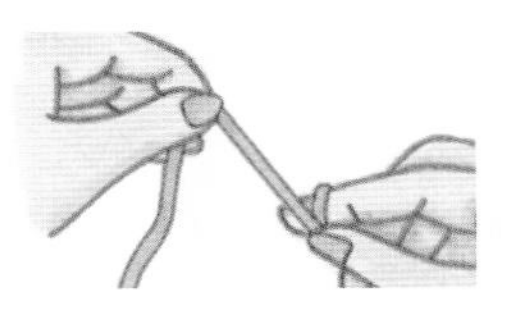

1 将线的一端在食指上绕一圈。

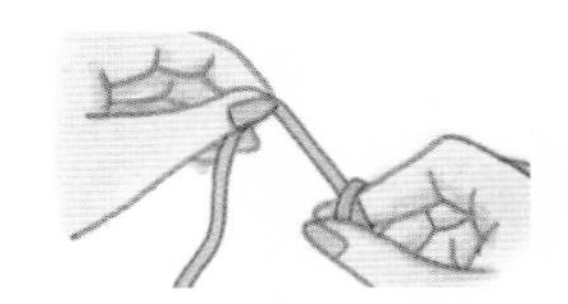

2 用大拇指压住线，在上面绕几次。

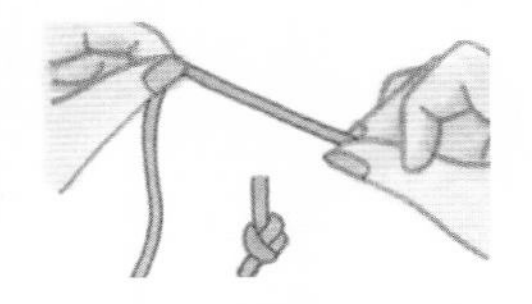

3 用中指将绕过的线按拉，形成死结。

手缝的开始

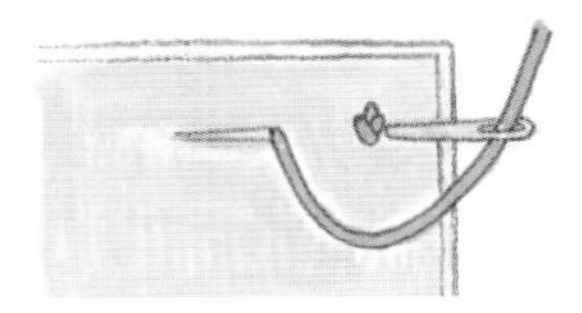

1 缝一针，然后将针返回最初的地方再缝一针。

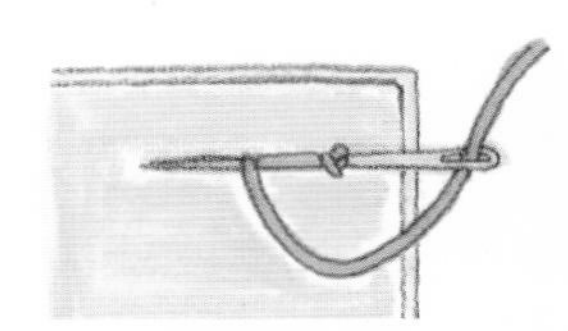

2 再将针返回并在同一地方缝（共返回了两针）。

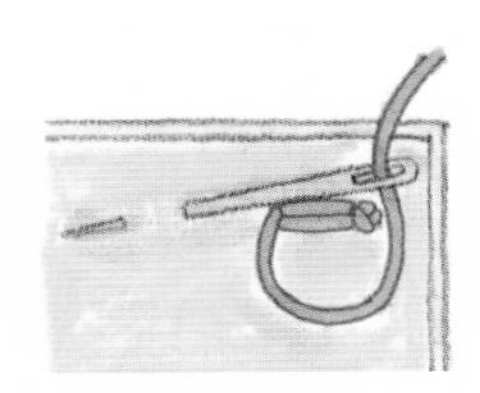

3 继续缝。

手缝的结束

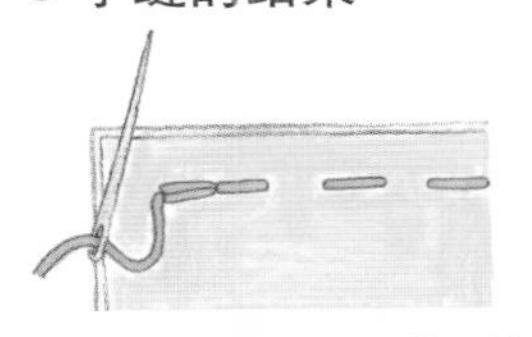

1 将缝完的线返回缝两针。

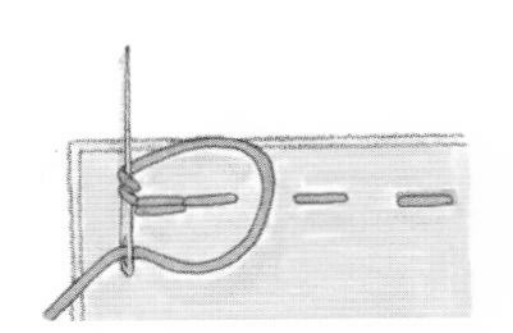

2 将缝完的线绕两三圈在针尖上。

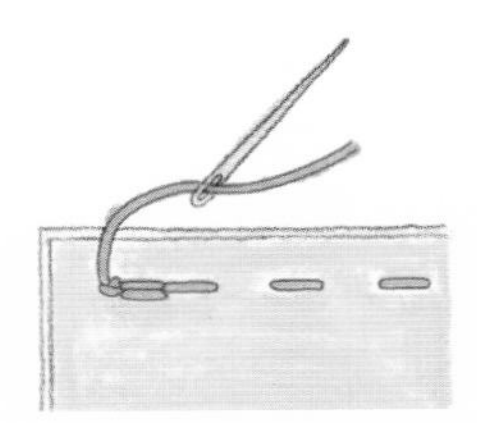

3 压住绕过的地方拔出针并拉线打结。

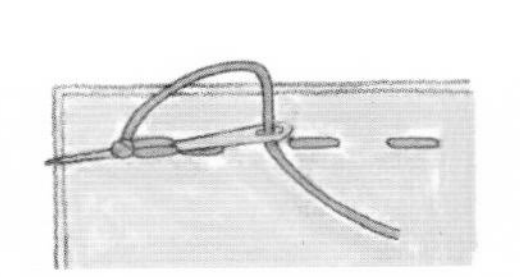

4 返回缝一针后剪掉线。

打结收尾

手缝的开头

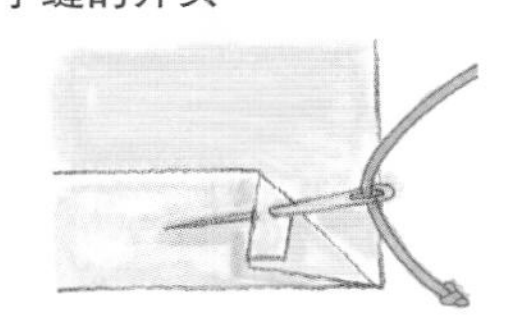

1 为了遮住死结，可以从里向外缝。

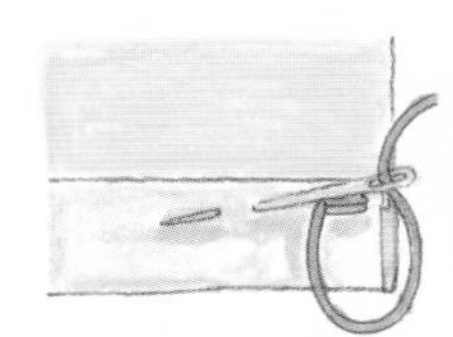

2 返回缝两针再继续缝。

手缝的结尾

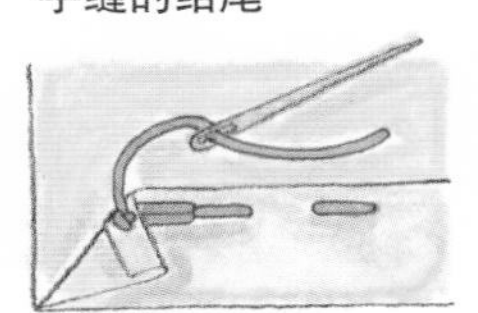

1 将缝完的线返回再缝两针后从里面出针打结。

2 针出现在表面后剪掉线。

平针缝

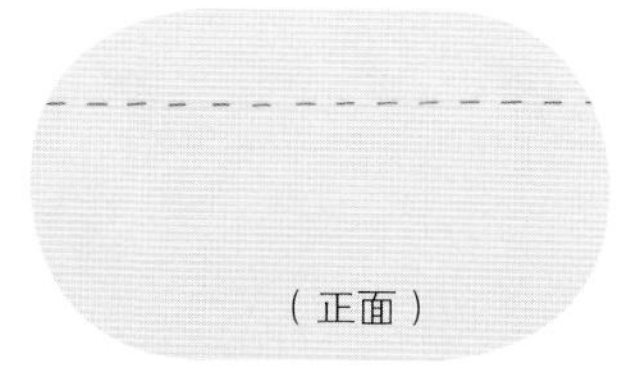

手缝的基本针法，也叫平伏针缝。针交替出现在布的反面和正面，等间隔均匀缝。

1 当针扎向布的反面时，用手按住针并用左手将布推向针。

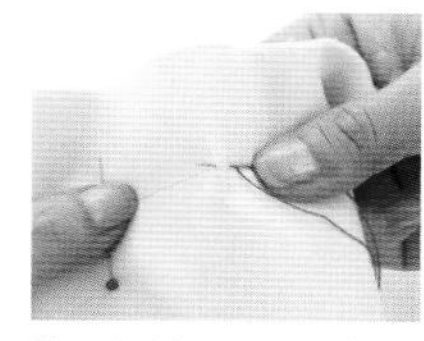

2 当针从正面出来的时候，将左手握着的布往下压。

〈截面图〉

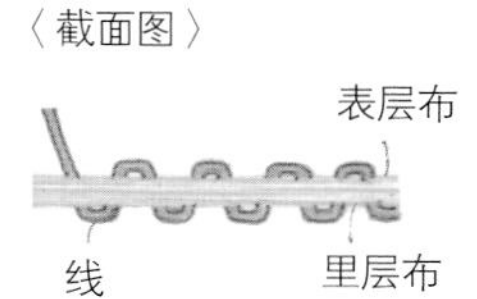

回针缝

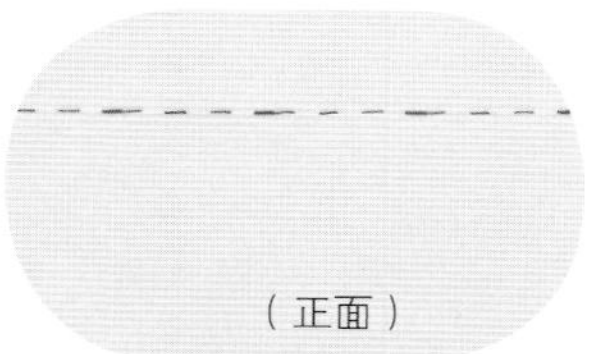

这是很结实的缝法。平针缝两三针后往回缝 一针。

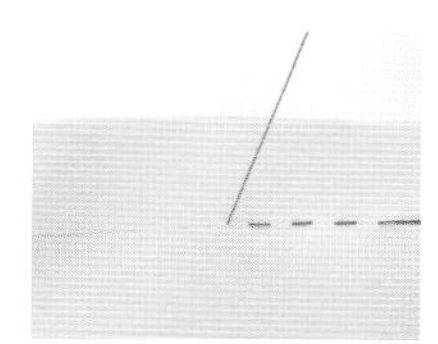

1 等间隔缝两三针（平针缝）。

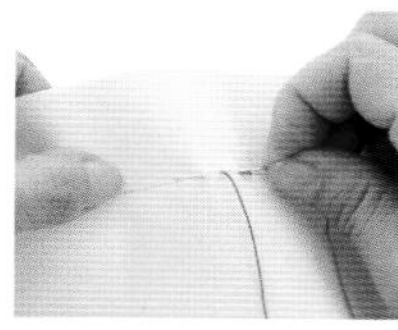

2 在缝了两针处往回缝一针。

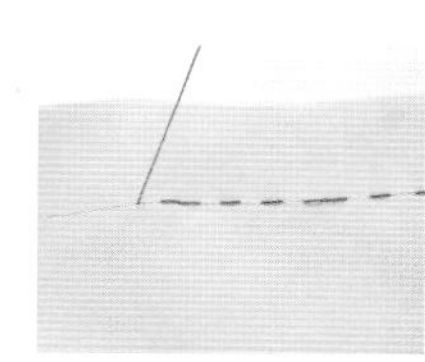

3 重复步骤1和2后，继续缝。

〈截面图〉

表层布

线

里层布

半回针缝

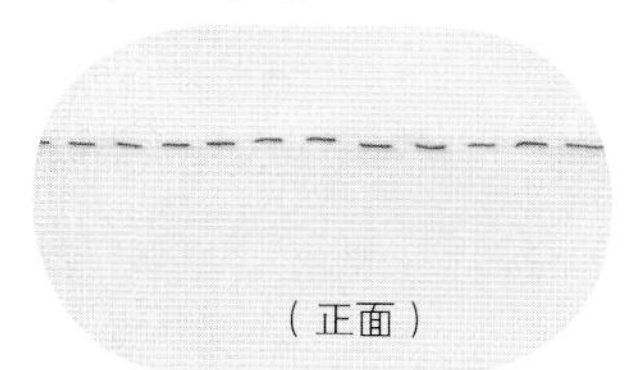

缝一针，再返回到原针脚的一半处再往回缝一针。比回缝更结实。

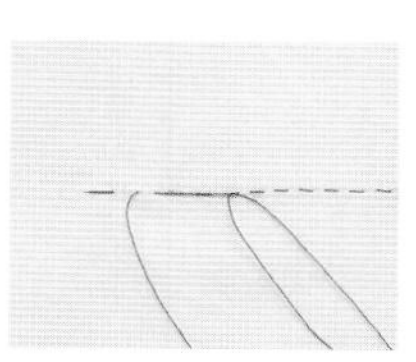

1 缝一针后，回到原针脚的一半处，再缝一针。

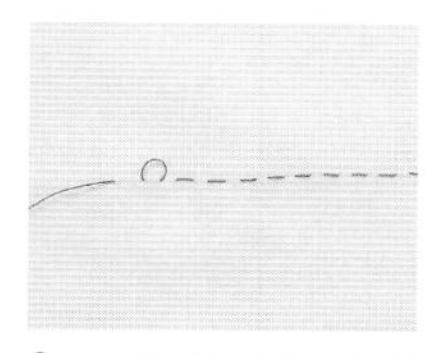

2 拉线并重复步骤1。

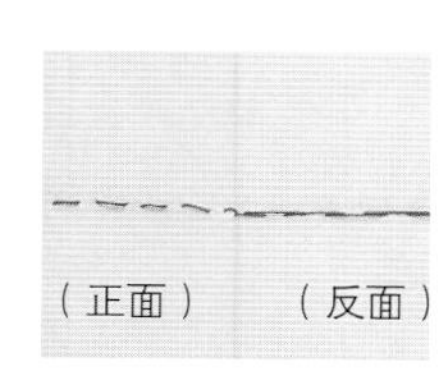

3 完成。

〈截面图〉

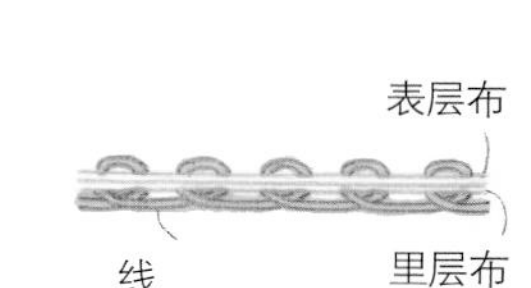

全回针缝

每缝一针就往回缝一针的缝法。可以只在需要缝得结实的地方用全回针缝。

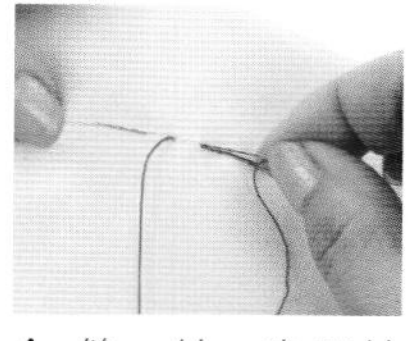

1 缝一针，在两针的针脚处再往回缝一针。

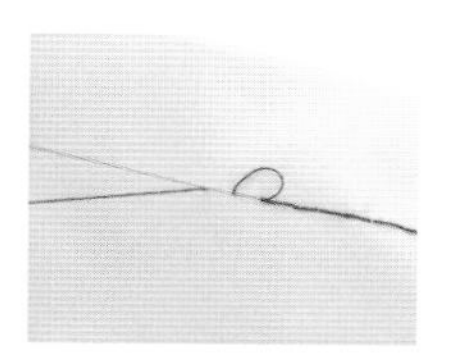

2 拉线并重复步骤1。

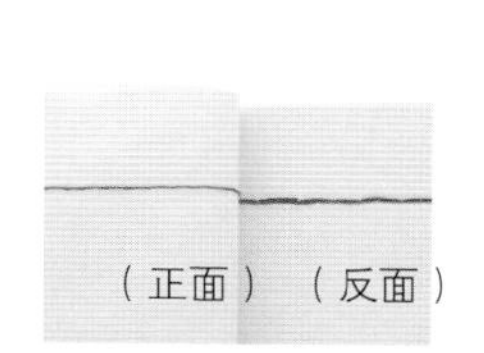

3 完成。

〈截面图〉

表层布

线

里层布

●包缝

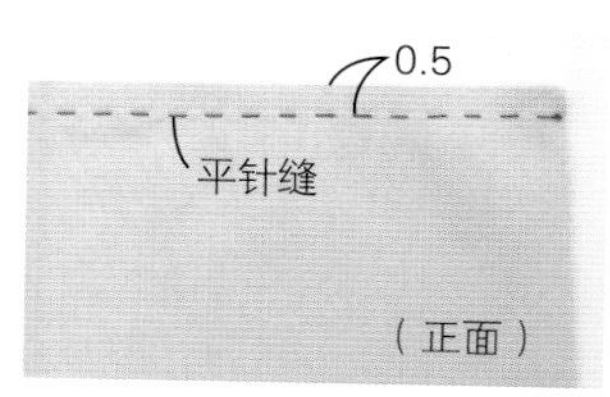

1 将两块布反面相对，平针缝缝合。

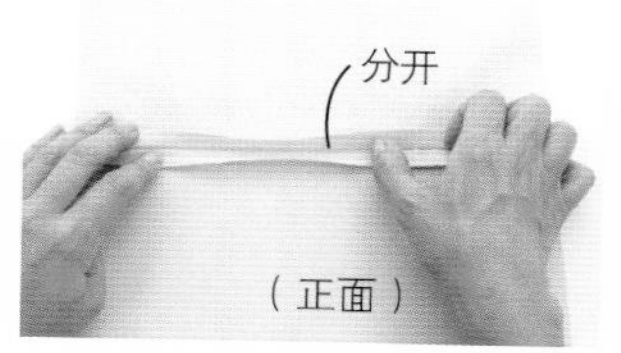

2 用指甲将缝份分开。

3 将布正面相对并用指甲刮压。

4 在完成线上回针缝。

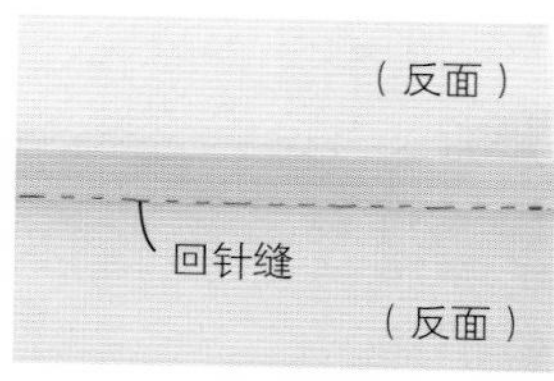

5 缝制完成。包缝布边是为了防止接缝绽开，是最基本的、最美观结实的处理缝份的方法。

●外包缝

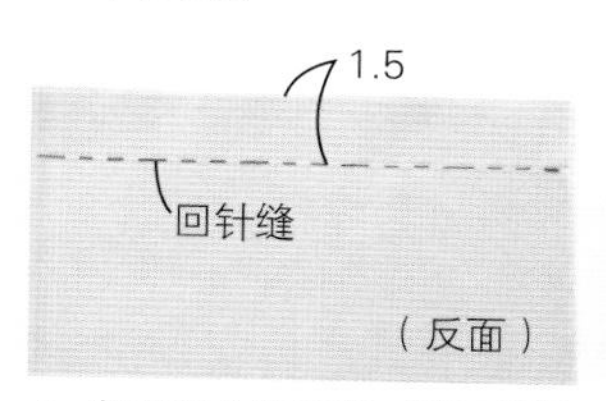

1 将两块布正面相对并回针缝。

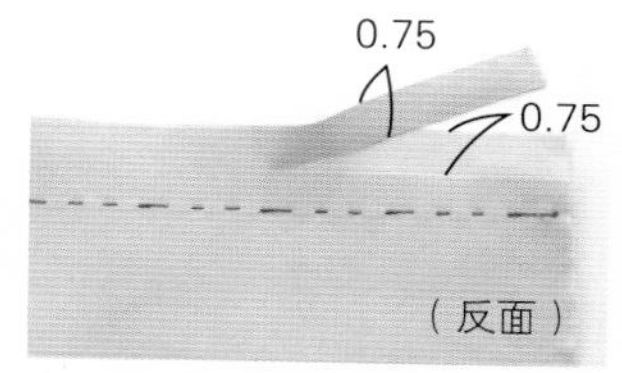

2 将其中一片缝份剪掉一半。

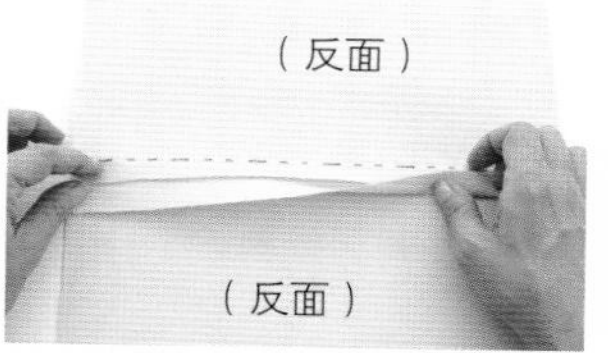

3 将两片布展开，并用较宽的缝份包住较窄的缝份折起来。

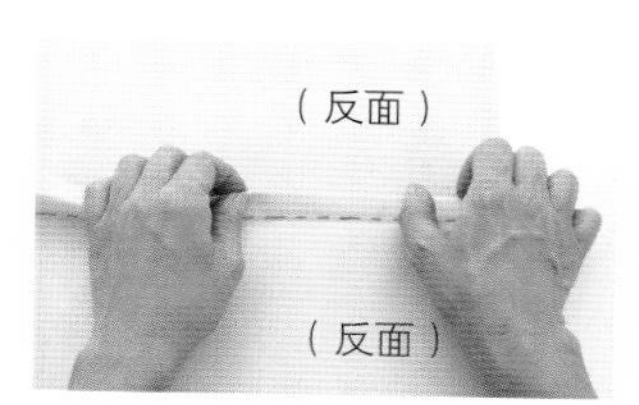

4 将步骤3倒向窄的缝份，如图所示。

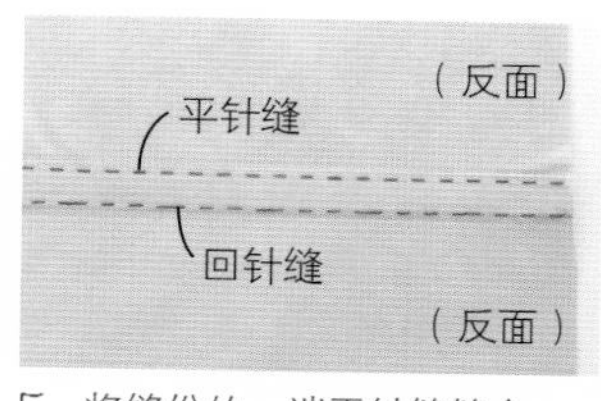

5 将缝份的一端平针缝缝合。

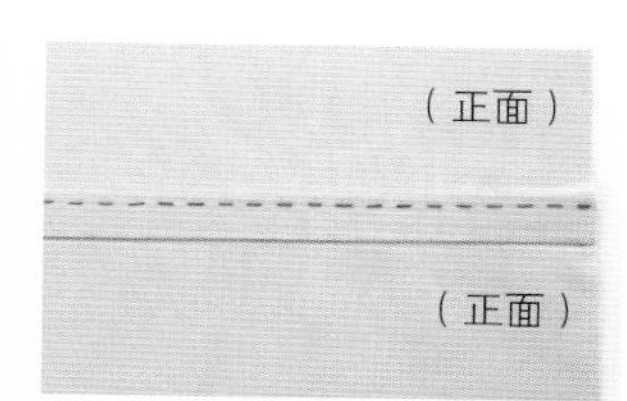

6 缝制完成。外包缝多用于下裆等需要缝得很结实的地方。

劈包缝

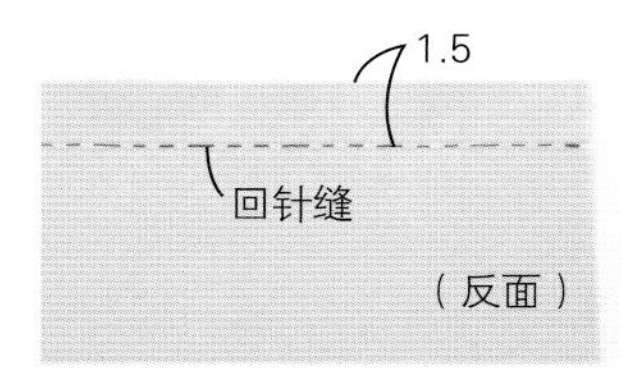

1 将两块布正面相对并回针缝缝合。

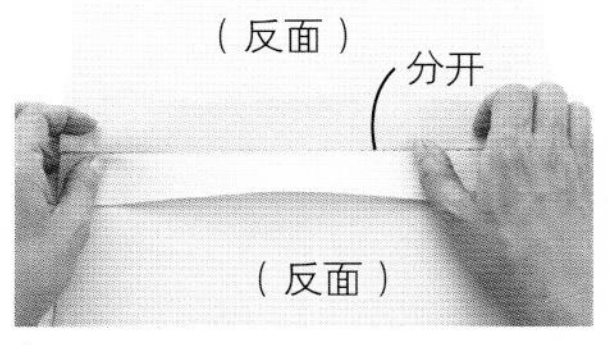

2 用指甲将缝份分开。

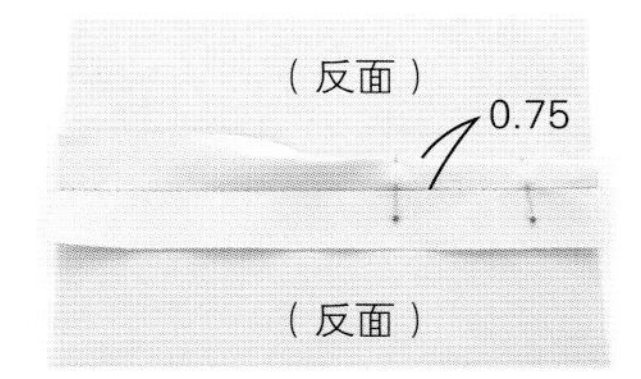

3 将缝份一半折进里侧。

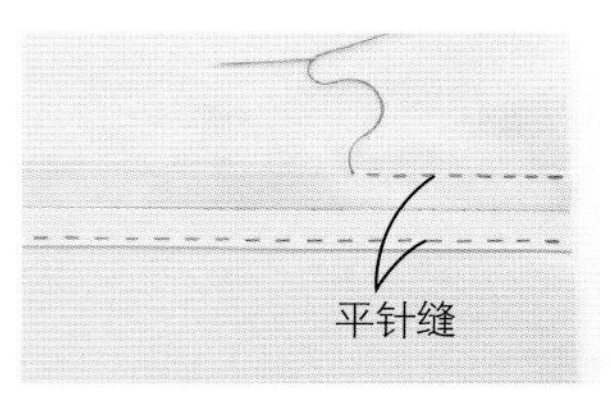

4 将缝份的一侧平针缝。

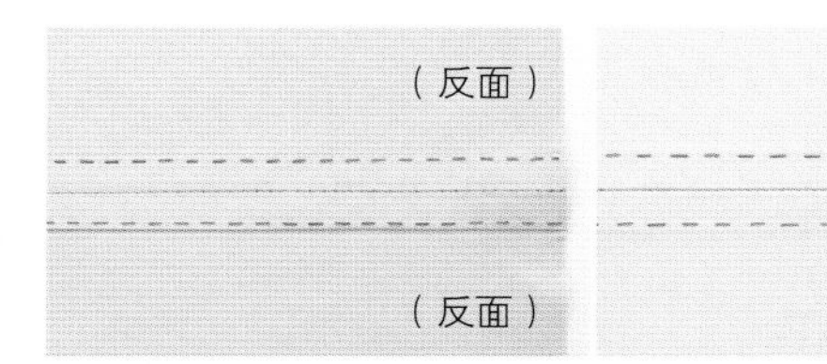

5 缝制完成。缝份是分开缝的。

立针缝(竖绕缝）

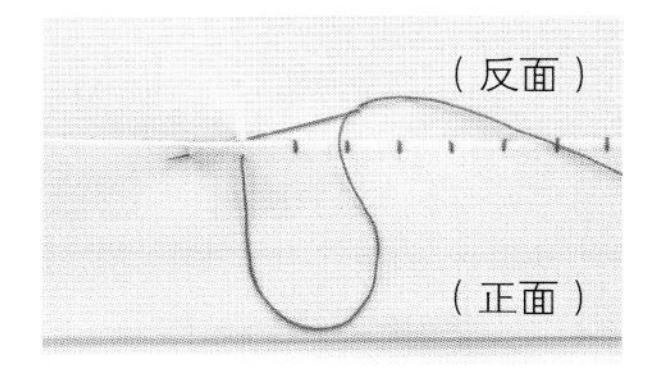

1 针从折起来的布的里侧扎入，斜着从上面表侧出来，并将外露的线迹缝成直角。

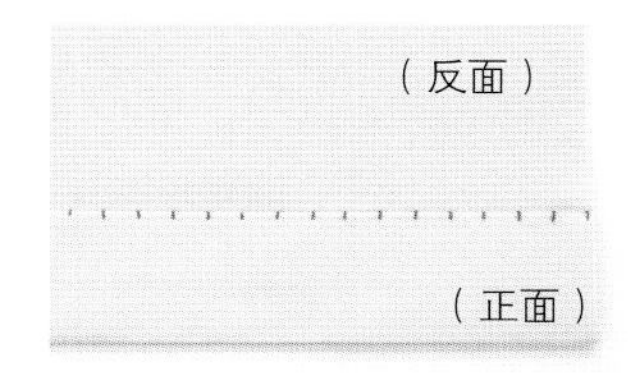

2 缝制完成。

卷针缝（绕缝）

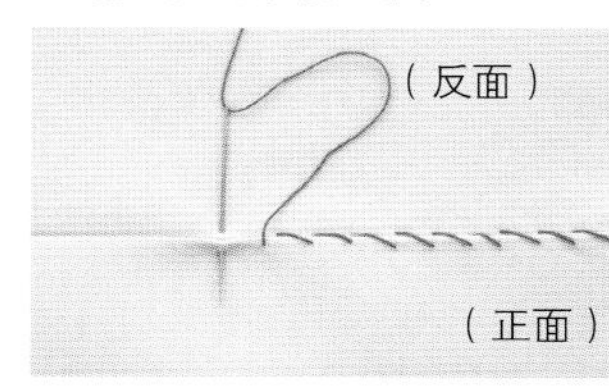

1 针从折起来的布的里侧扎入，细细地缝表侧并从外折痕处出来。

2 缝制完成。

藏针缝（コ形绕缝）

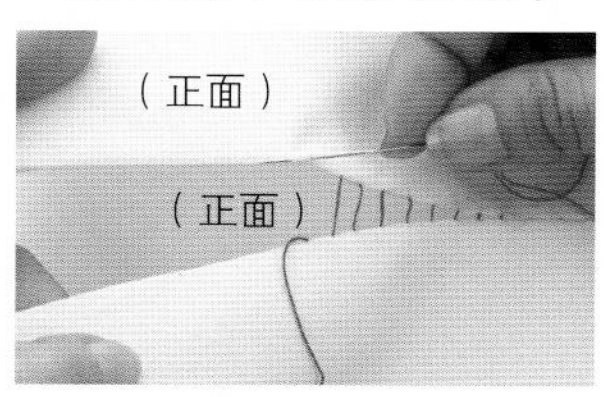

1 将两片布的外折痕对接，并让线以**コ**形将外折痕等间隔地缝合。

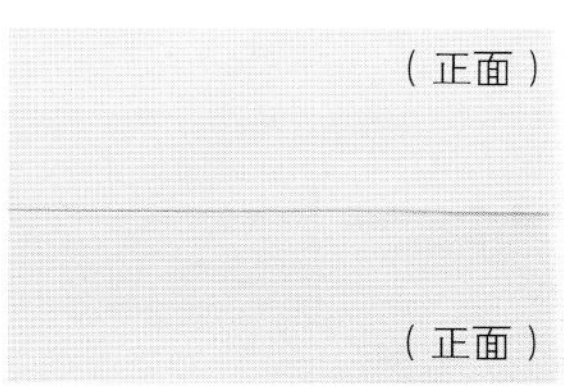

2 缝制完成。这种缝法用于处理返口，不管从正面还是从反面都看不到接缝线迹。

斜布条

斜布条是沿布纹45° 倾斜方向裁剪出的布条。这种布条的伸缩性好，经常用作处理袖口、领口等。

裁开方法

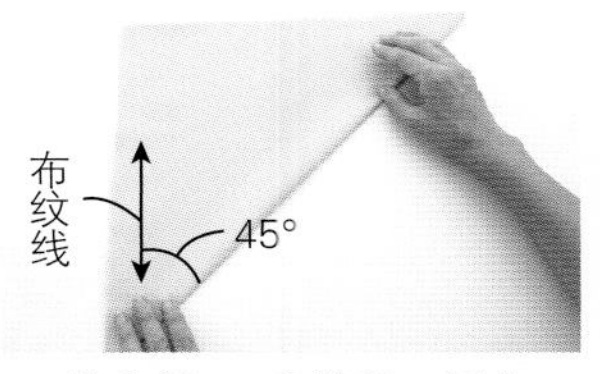

1 将布折45° 角并留下折痕。

2 将尺子与折痕对齐，按斜布条的宽度做画线。

3 按照画线裁剪。

接合方法

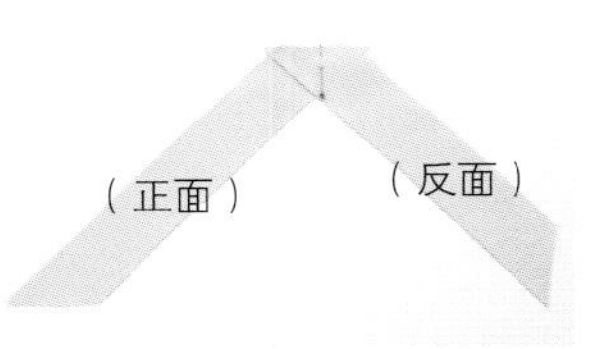

1 将两条斜布条的一端正面相对。

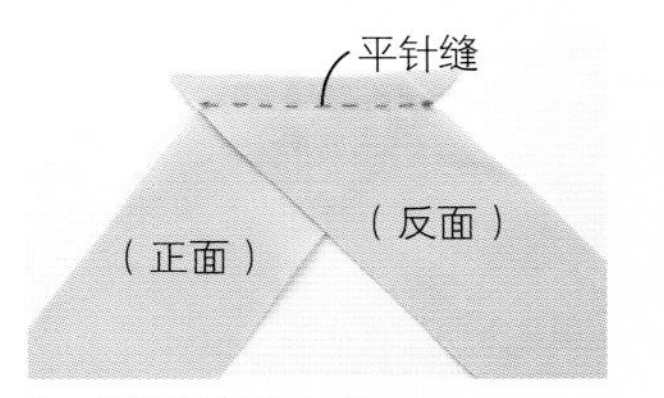

2 用平针缝将其缝合。

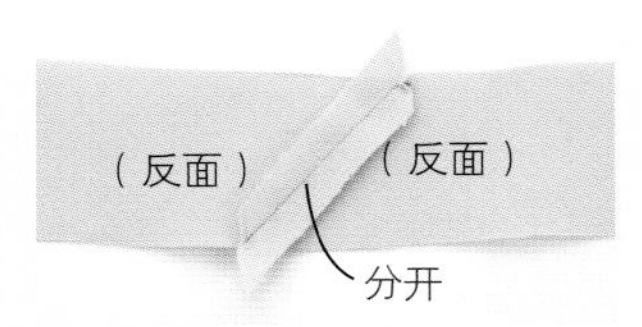

3 将缝份分开。

4 剪掉超出斜布条的缝份。

制带器的用法

用熨斗烫好折痕制成的斜布条，可以用市面上卖的制带器轻松做成。

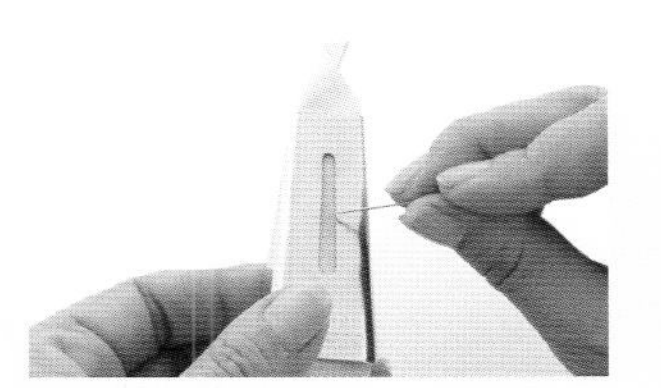

1 将斜布条插入制带器，用针在背面将其推至制带器入口。

2 将斜布条从制带器出口拉出来，用熨斗烫压出折痕。

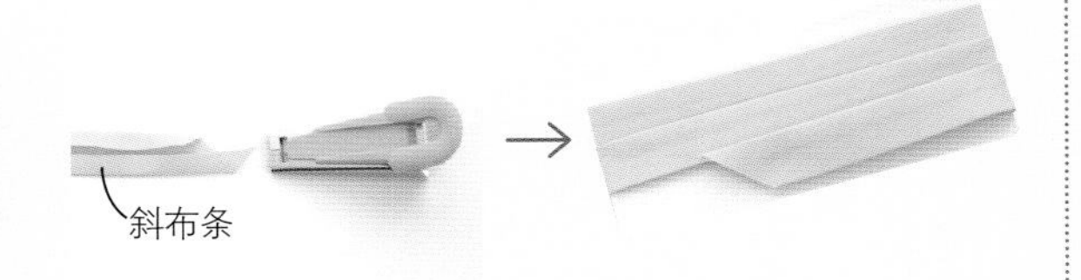

3 制作完成。由于折痕容易展开，可以将斜布条缠在厚纸板上。

滚边

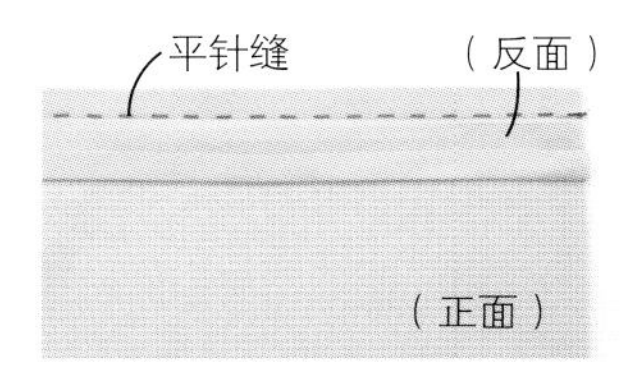

1 将布与斜布条正面相对，对齐缝合。

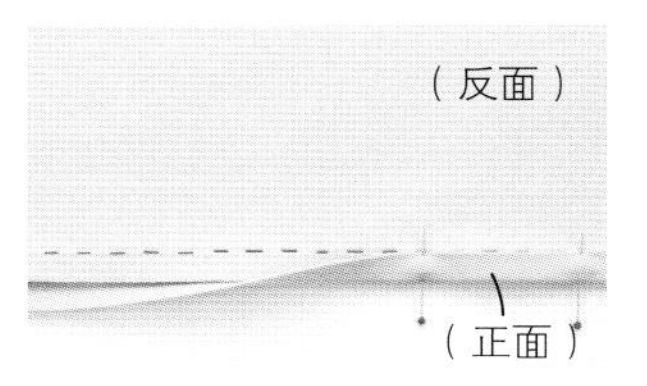

2 将斜布条翻到布的反面包起缝份，并用珠针固定。

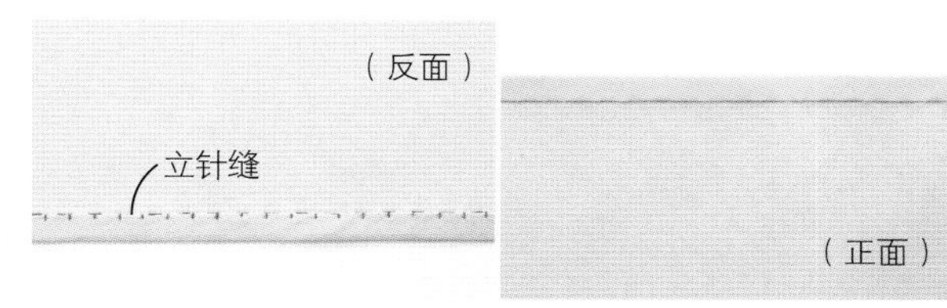

3 用立针缝缝制，使布的正面看不到针脚。

反缝边

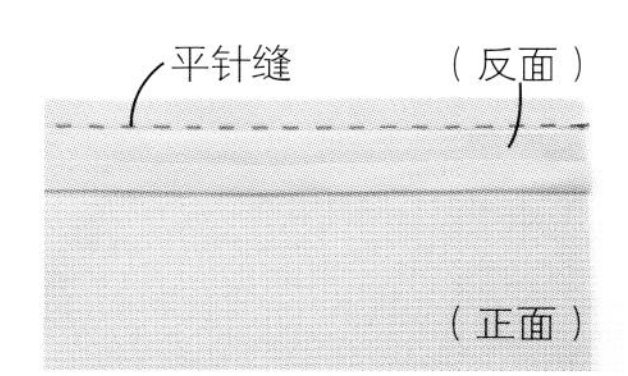

1 将布与斜布条正面相对，并平针缝缝合。

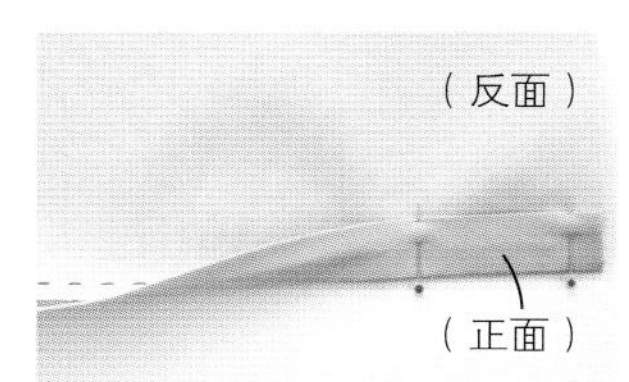

2 沿步骤1的缝线将斜布条翻到布的反面，用珠针固定。

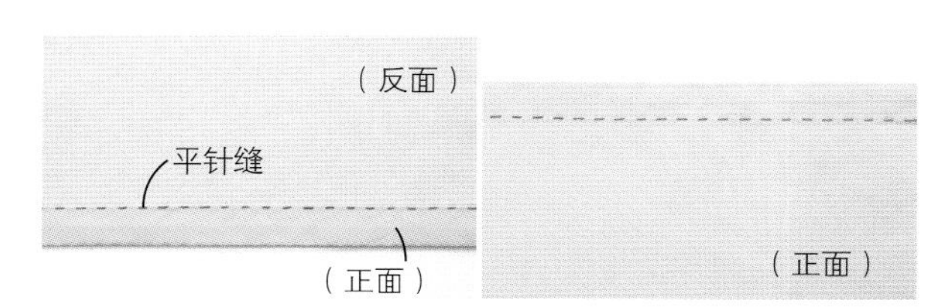

3 将斜布条边缘平针缝。

斜布条和布宽

为了让手工制作顺利进行，事先记住常用斜布条所需的布宽。普通布料可以参考下表。厚布料的情况下可以根据布料的厚度调整。

成品宽	斜布条宽
12mm	28mm
18mm	40mm
25mm	52mm

（左）棉布、两折布条/宽20mm
（右）棉布、斜布条/宽11mm

（左）麻布、两折布条/宽12.7mm
（右）麻布、斜布条/宽11mm

滚边编织布带（宽11mm）

市面上卖的斜布条不管是布料还是颜色、花纹都很丰富。有棉、麻、编织纱布、印花布等。手工很难做的编织布带市面上也有卖，非常简单方便。用同一布料做也行，使用现成的布带做也行，只要做出自己想做的作品就好。

(左)纱布、两折布条/宽12.7mm
（右）纱布、斜布条/宽11mm

局部缝制 

即使是大家都觉得很难的服装制作，如果掌握了制作顺序及重点的话，也非常的简单。这里整理了在本书中介绍的作品能用到的缝制一部分的做法。

●胸省

胸省是将布缝成三角形并很自然地展现出胸的丰满。

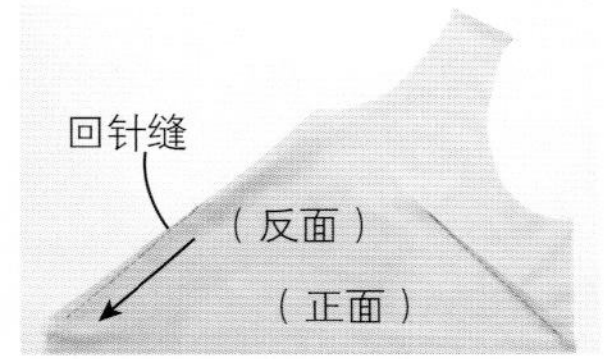

1 将胸省的部分正面相对并用珠针固定住，朝着箭头方向回针缝。

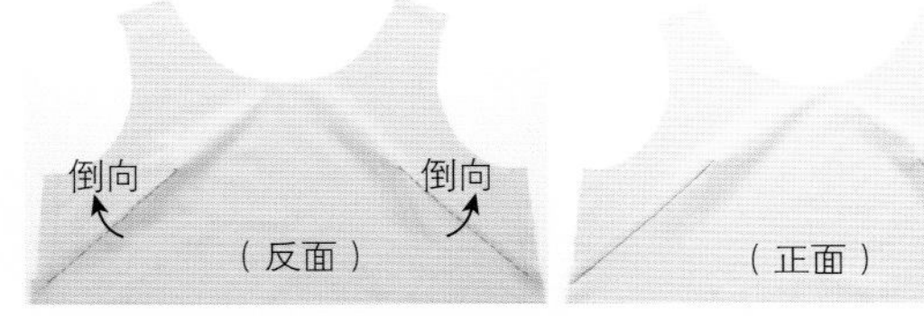

2 将缝份倒向上侧，再用指甲刮平。

●折缝

折缝是将布料叠起制作成立体感。缝后留的褶给人以柔软丰满的印象。

1 在布的反面标上折缝的位置。

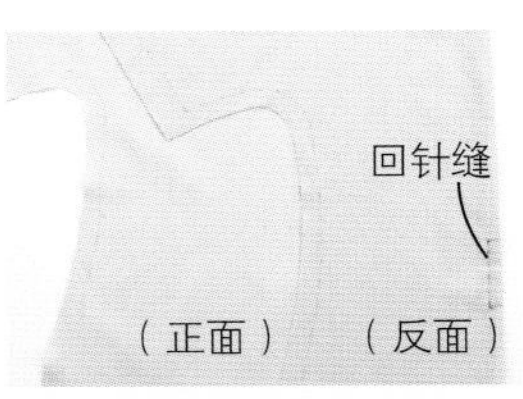

2 在中央捏折缝并正面相对再回针缝。

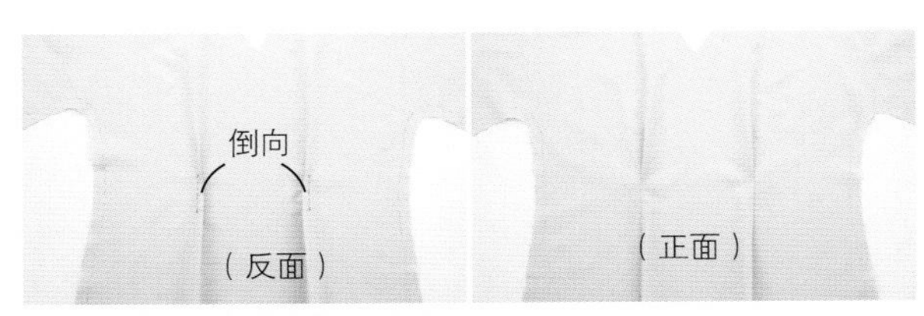

3 把折缝倒向中心，并用指甲刮平。

缝肩部

衣服的前身和后身是分开裁剪时，必须将布边包缝起来。

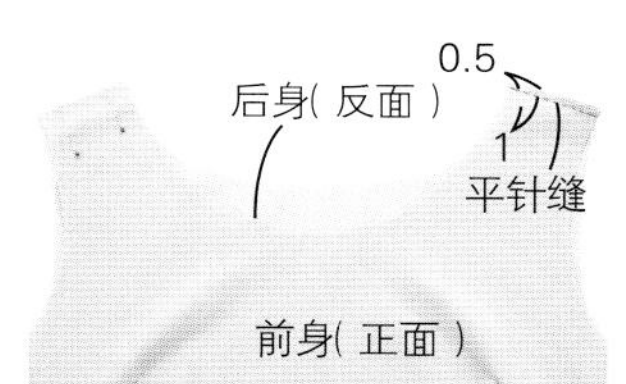

1 将前、后身的肩部反面相对，距布边0.5cm处平针缝。

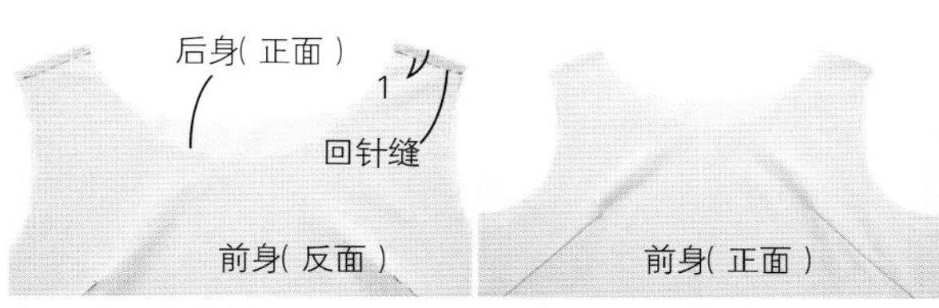

2 用指甲将缝份分开，正面相对后回针缝(包缝)。

胁和下摆开口

为方便衣服穿脱、运动自如，可在侧边开口，在缝前、后身的胁部时与其一起缝。

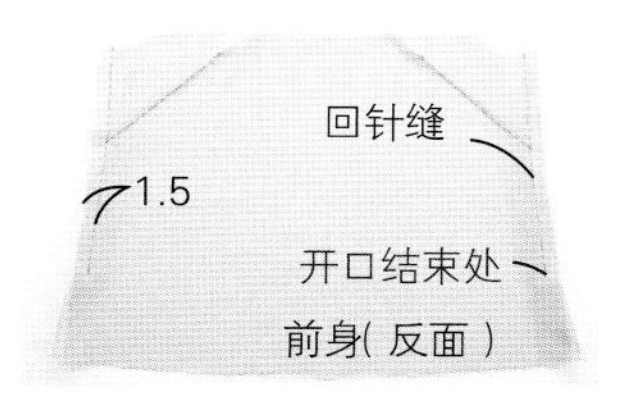

1 将前、后身正面相对，回针缝从胁部缝到开口结束处。

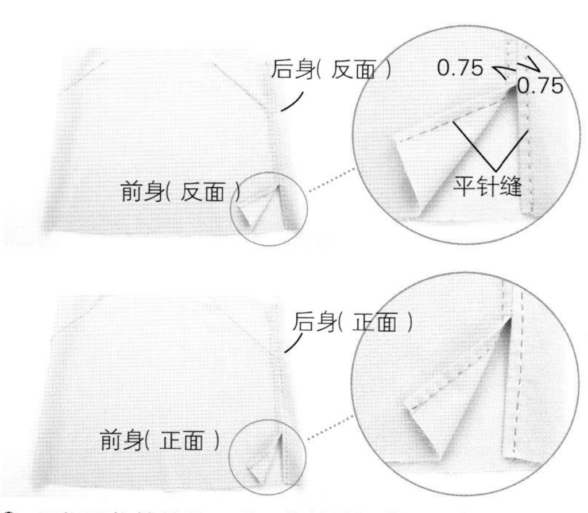

2 用指甲将缝份分开后，将缝份折进去一半再平针缝(劈包缝)。

领窝 

无领衣服的领窝有许多处理方法。
这里介绍用斜布条滚边的类型和用贴边缝的方法。

圆领

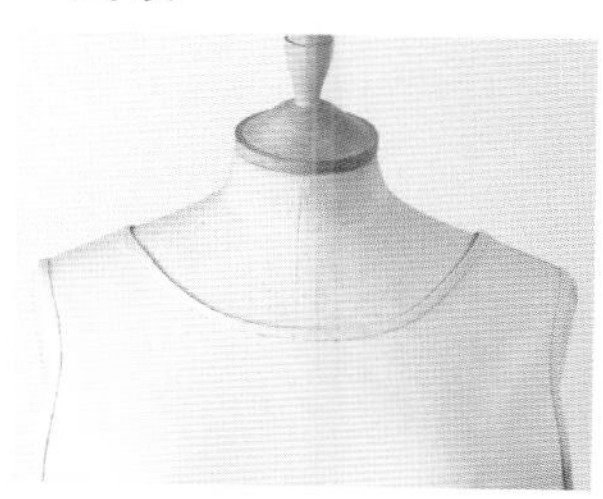

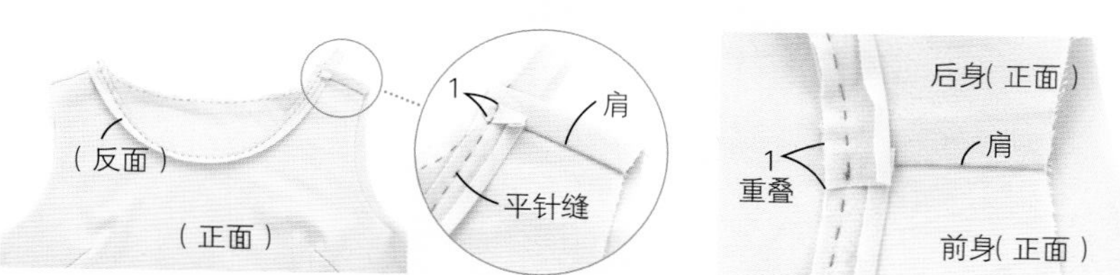

1 将领窝和斜布条正面相对后平针缝。缝之前先如图将斜布条开始端折1cm，缝完后在开始缝的地方将斜布条重叠。

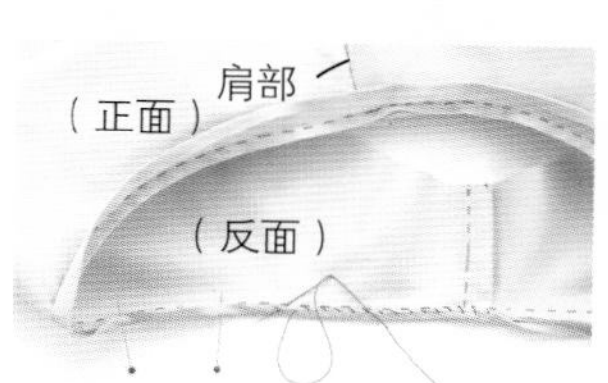

2 用斜布条将领窝处缝份包住并缝合。

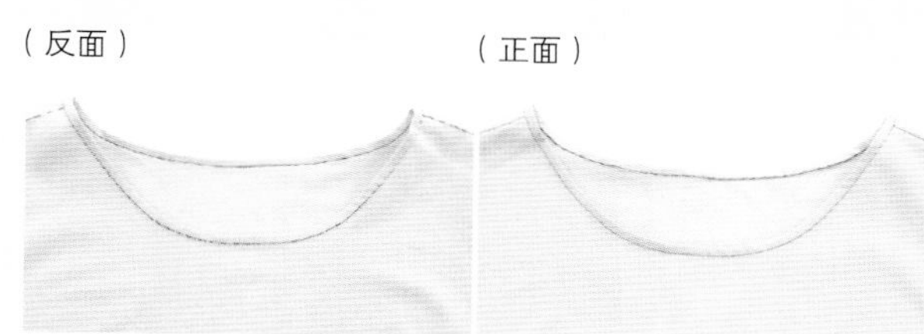

3 将前、后身翻回正面，制作完成。

V领

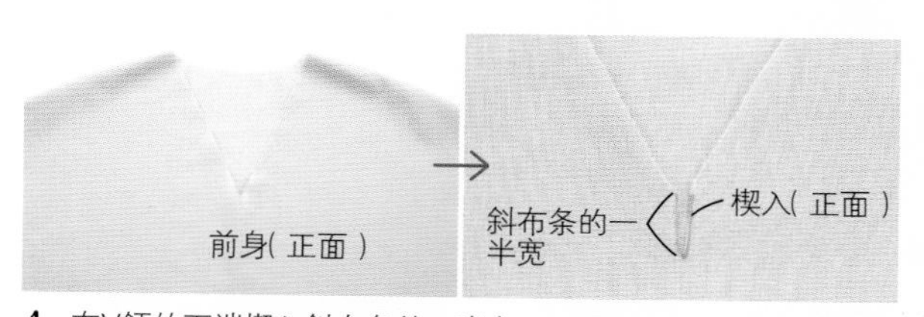

1 在V领的下端楔入斜布条的一半宽。

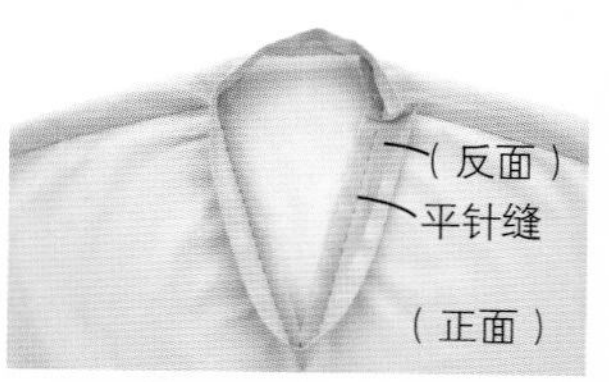

2 将领窝与斜布条正面相对后平针缝。

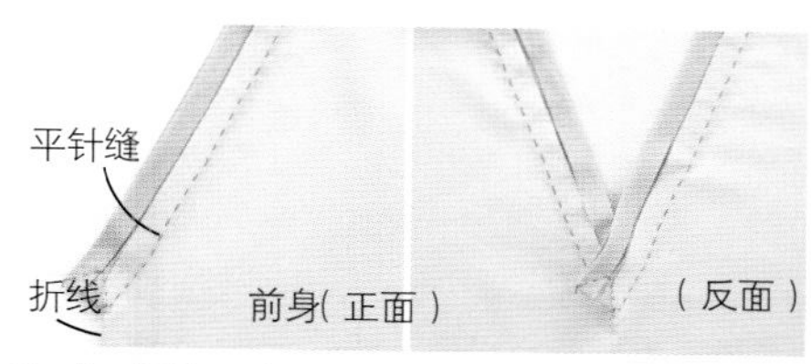

3 将V领的下端正面相对两次缝成三角形。

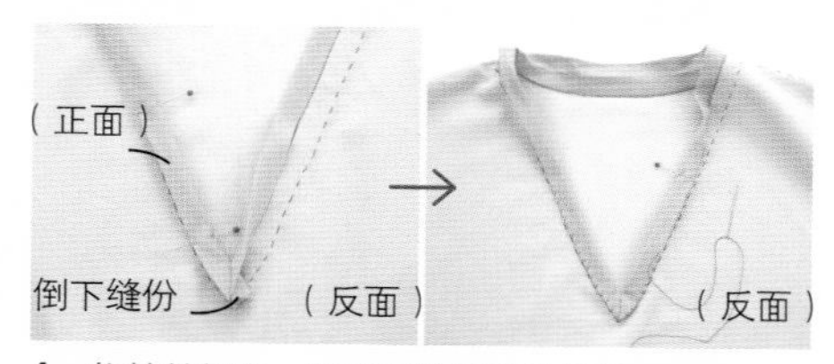

4 将缝份倒向一侧并包住领窝的缝份。

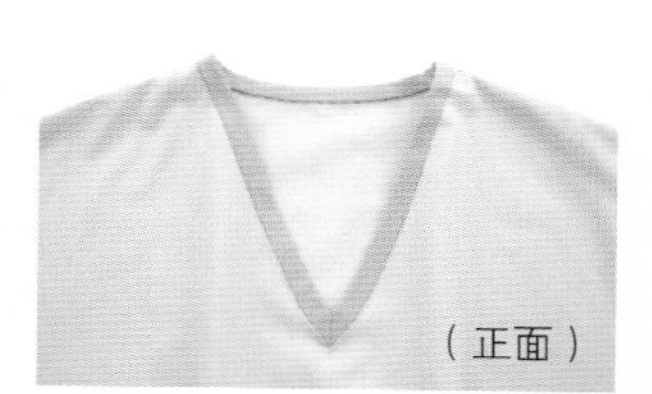

5 将前、后身翻回正面制作完成。做成很简练的V领。

前开口

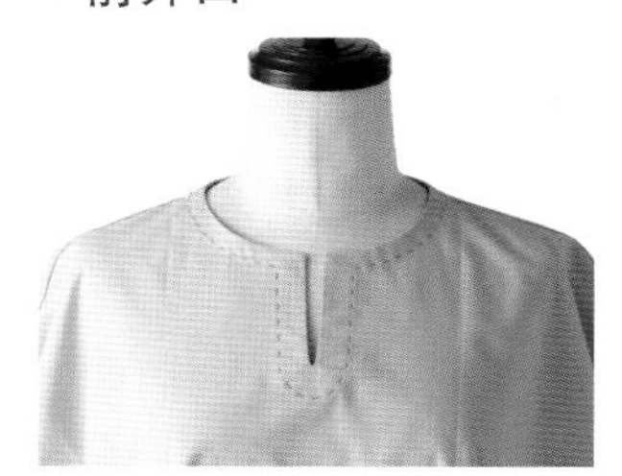

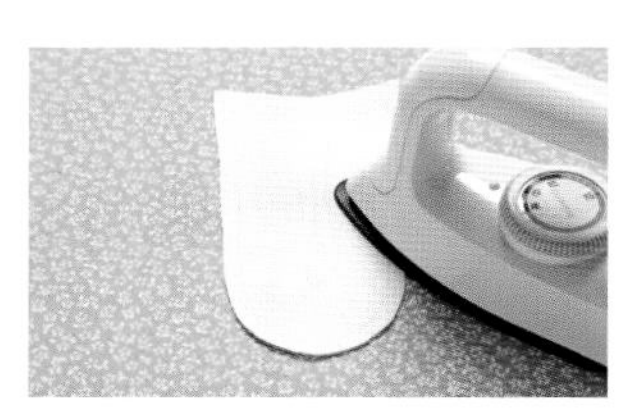

1 将熨斗设置成中温在贴边的背面粘上黏合衬。

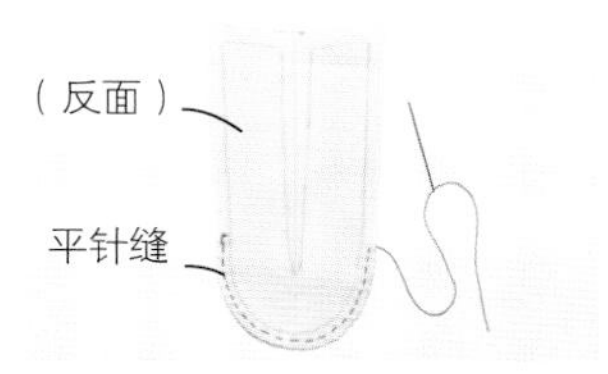

2 平针缝缝制贴边的弯曲处。

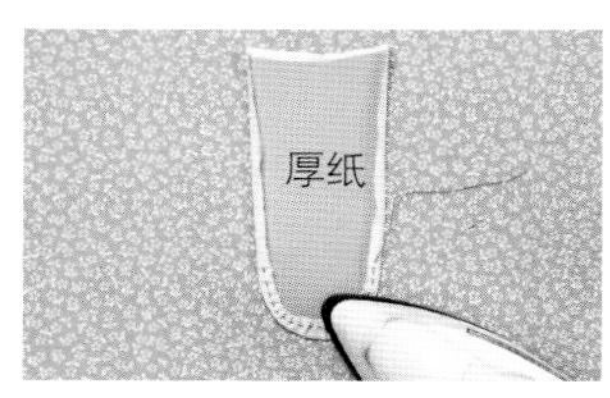

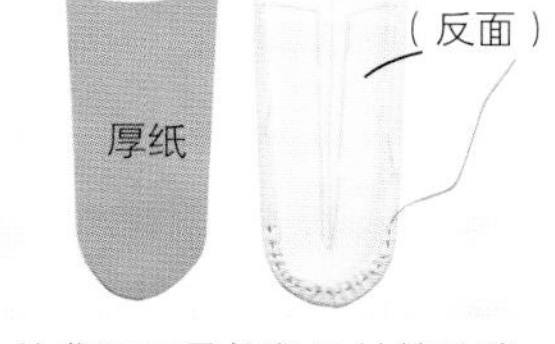

3 用厚纸制作贴边的纸型并与贴边的背面重叠拉紧平针缝的线，用熨斗整理弯曲处的形状，去掉厚纸。

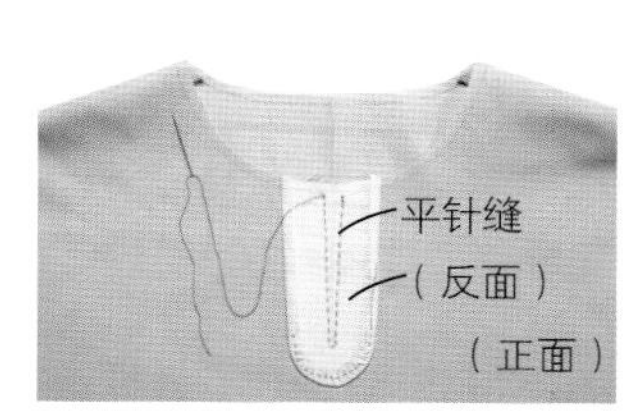

4 将开口处与贴边正面相对后平针缝。

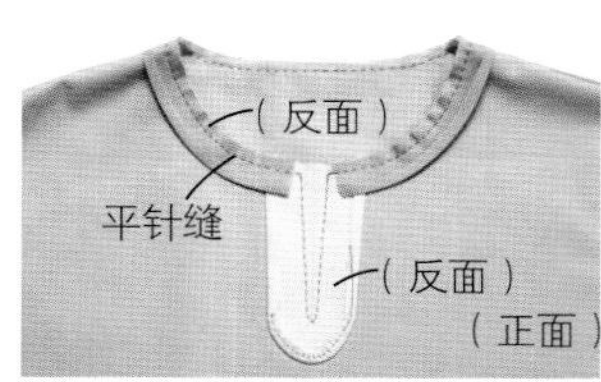

5 将领窝与斜布条正面相对后平针缝。

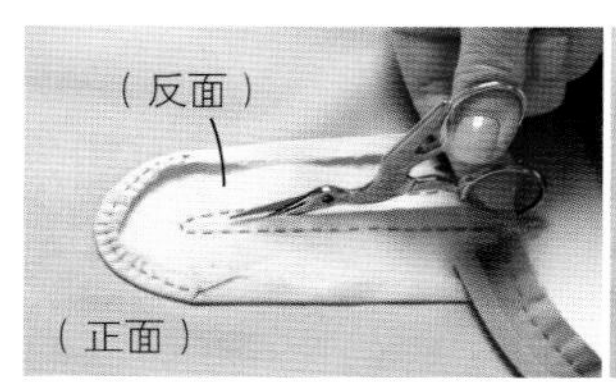

(反面)
(正面)

6 从贴边的中心处开始剪开衩，到开口底的0.1~0.2cm处止。

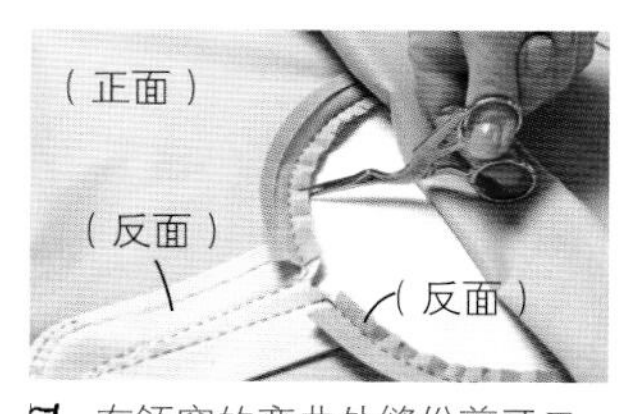

7 在领窝的弯曲处缝份剪牙口。

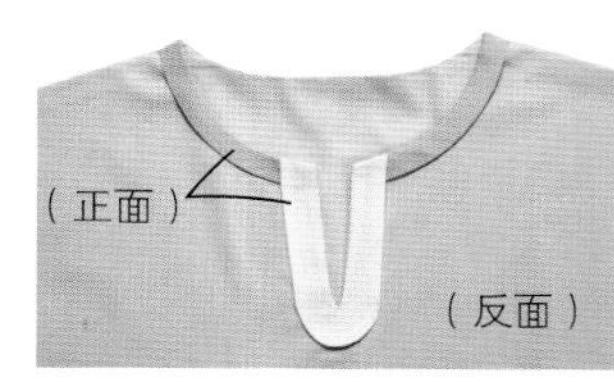

8 将贴边和斜布条折到反面。

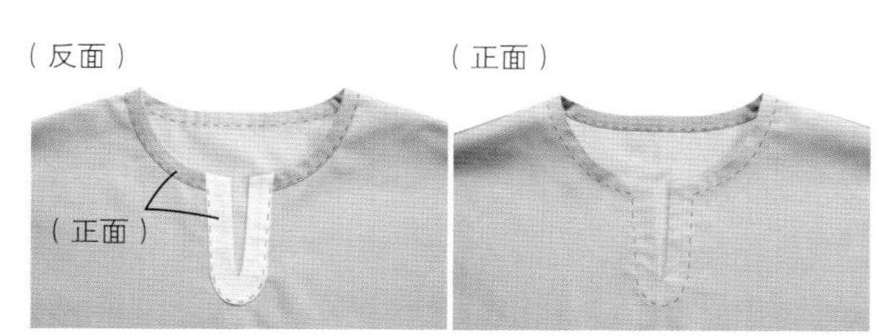

9 将贴边和斜布条的边缘平针缝缝合，制作完成。

后开口

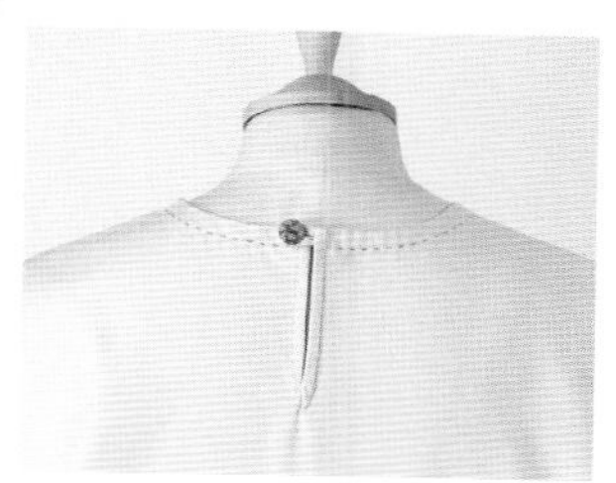

用斜布条将后开口包住

1 将前、后身的肩部缝合后剪开后开口。

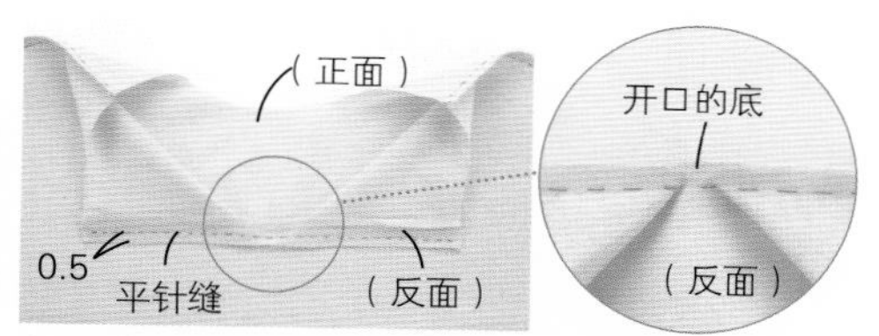

2 将后开口打开成一直线，与斜布条正面相对后平针缝。

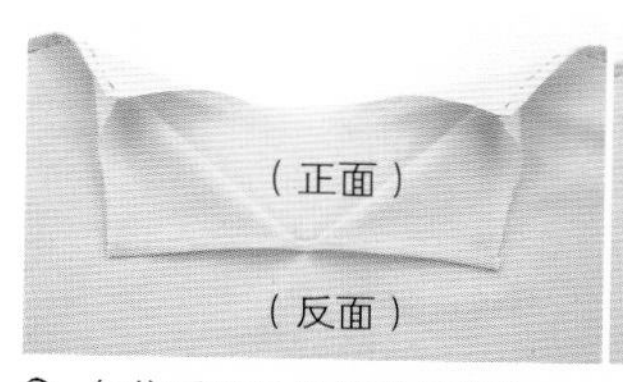

3 包住后开口的缝份后缝合。

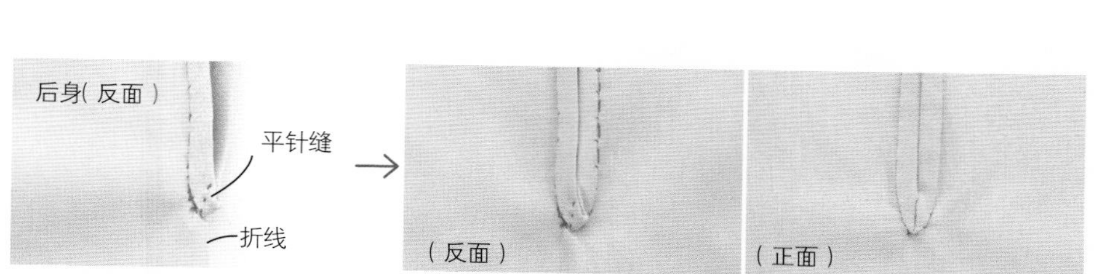

4 将后开口底部的斜布条正面相对两次后缝住。将缝份倒向一侧用熨斗烫平。

做布扣襻

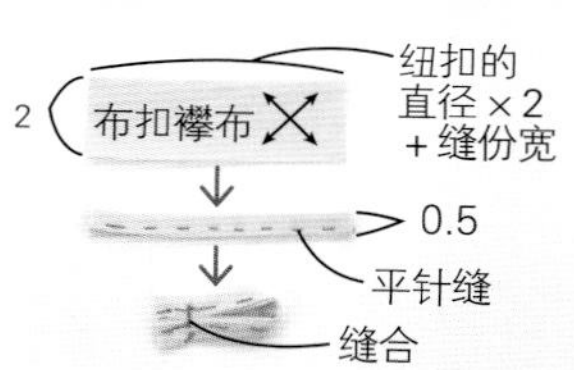

5 折成四层、宽0.5cm再平针缝，然后如图所示再对折后缝合起来。

在领窝处加上斜布条和布扣襻

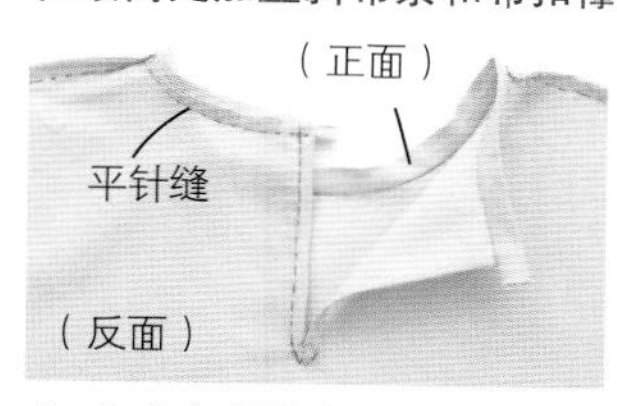

6 将肩部的缝份倒向后身片。将领窝与斜布条正面相对后平针缝，并在缝份上剪出牙口。

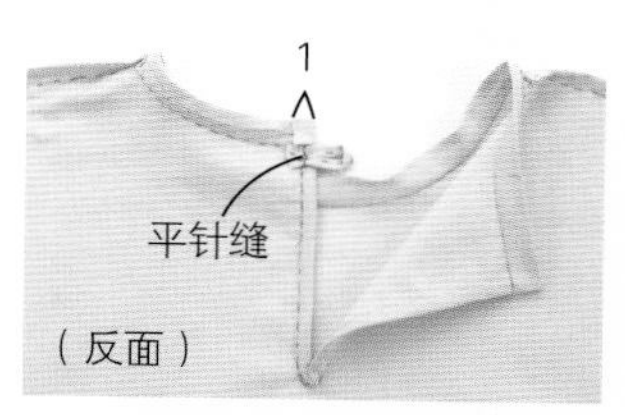

7 将布扣襻平针缝到后开口上端的反面。

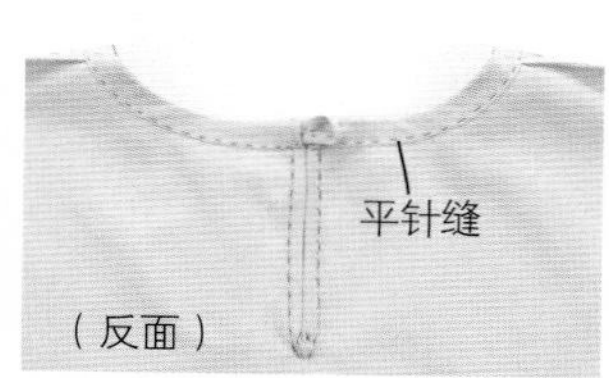

8 将领窝的斜布条折回反面后平针缝。

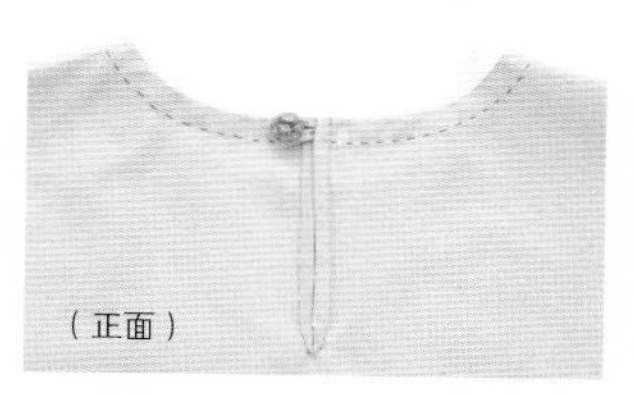

9 缝上纽扣。

缝袖子 

袖子有连肩袖和给缝过肩部的前、后身缝上袖子这两种设计。只要记住这两种设计的做法便能做更多的款式。

连肩袖

缝合袖下和胁部

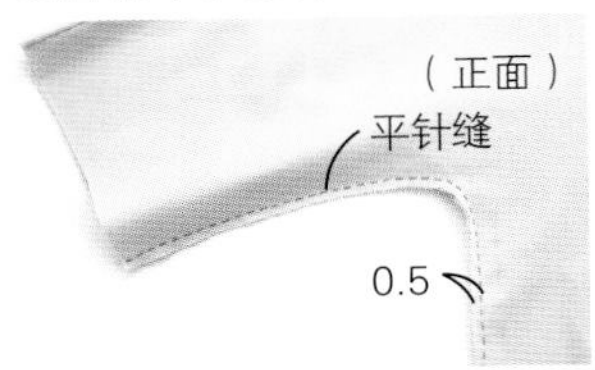

1 将前、后身反面相对后，用平针缝缝合袖下和胁部。

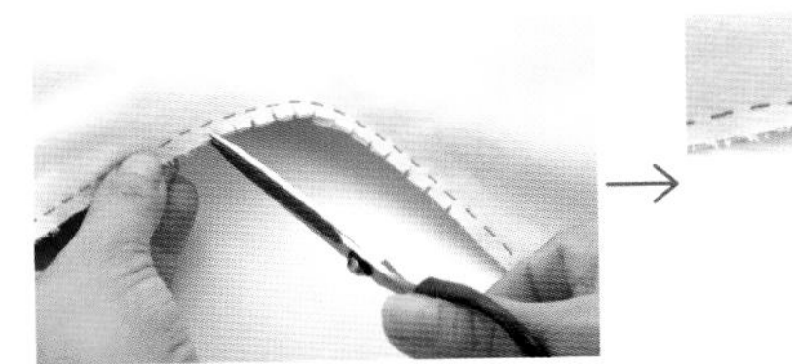

2 给弯曲处的缝份剪出0.3cm的牙口并用指甲分开缝份。

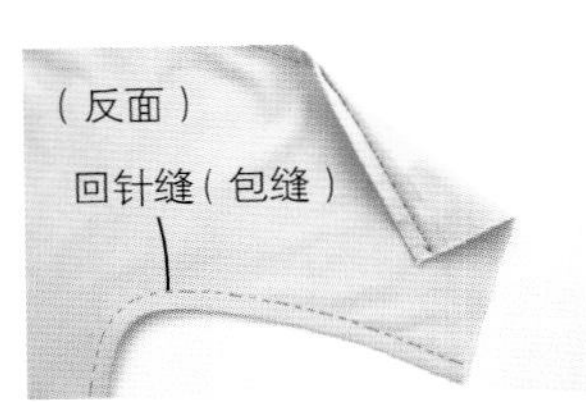

3 将前、后身正面相对并在成品线处回针缝（包缝）。

处理袖口

4 将缝份倒向后侧。袖口折两次并平针缝后制作完成。

Q&A

袖下等弯曲处的包缝线拉得很紧。怎样才能做得比较漂亮呢？

包缝的基本做法是在宽1.5cm缝份的0.5cm处缝合，折回后再在1cm处缝。袖子和胁部等部位，由于弯曲度大布容易紧。首先，在缝份的0.7cm处缝合后，在弯曲部位剪下细小的牙口。然后，将缝份折回后缝在其0.8cm处。这样一来，在缝份宽度不变的情况下也防止了布拉得过紧。

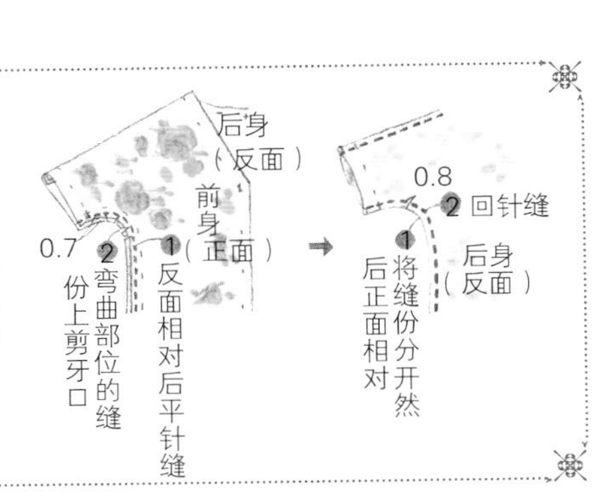

●衬衫袖

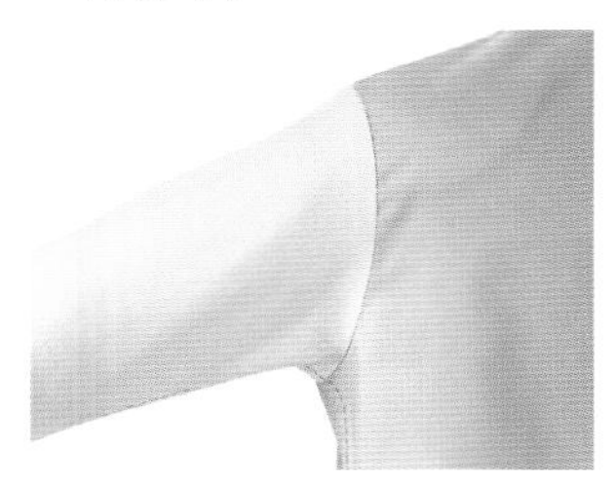

※在处理袖下和前、后身的肋部时，若是有肋省就用劈包缝，若无肋省就用包缝。这里讲解劈包缝。

缝合肩部前，先把袖子装在衣服的后身片

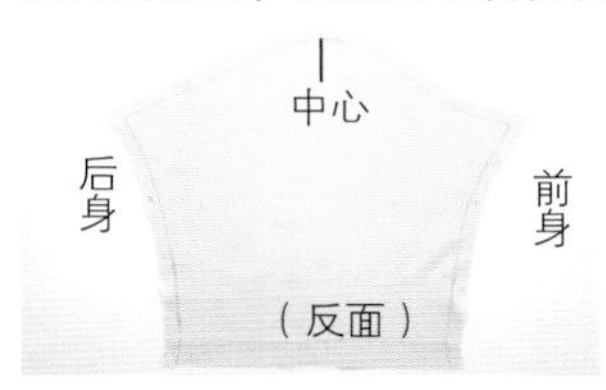

1 给裁剪过的袖子标上前身、后身、中心的记号。

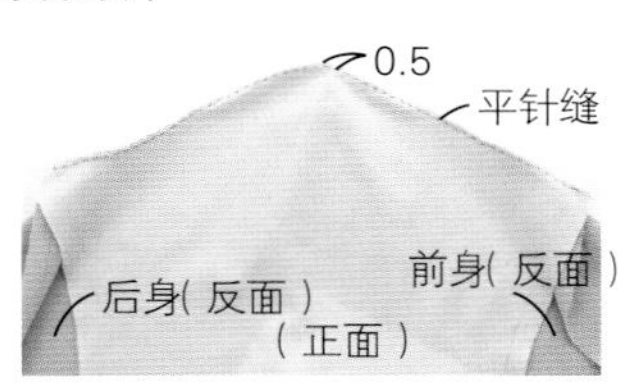

2 缝合前、后身的肩部（→P.14），与袖子反面相对后平针缝。

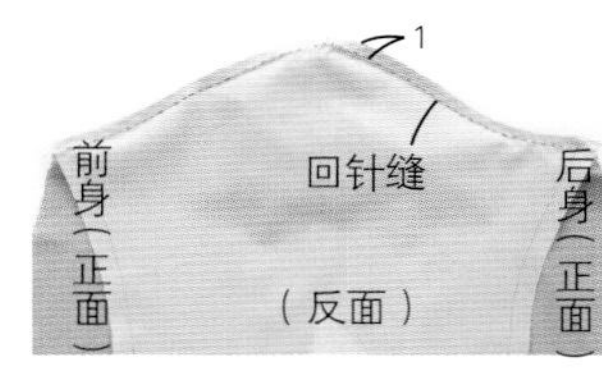

3 将前、后身和袖子正面相对后回针缝（包缝）。

缝接袖下和前后身的腋下

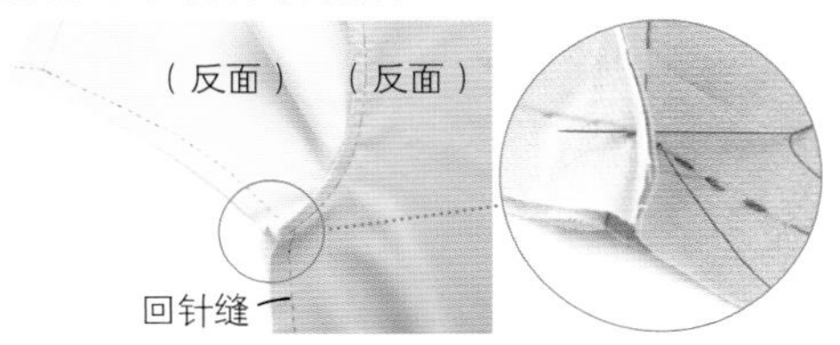

4 正面相对，从袖下开始回针缝缝到肋部。缝肋部缝份时不用将其倒在一边。

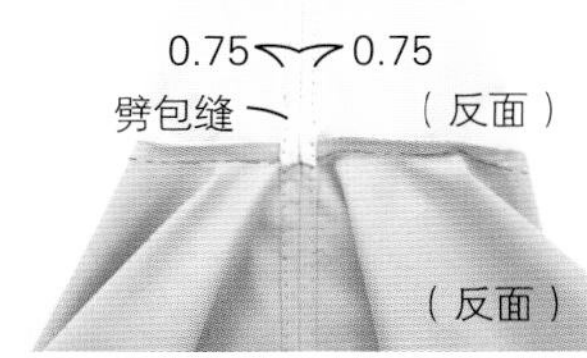

5 用指甲将袖下到肋部的缝份分开。把缝份折进去一半平针缝（劈包缝）。

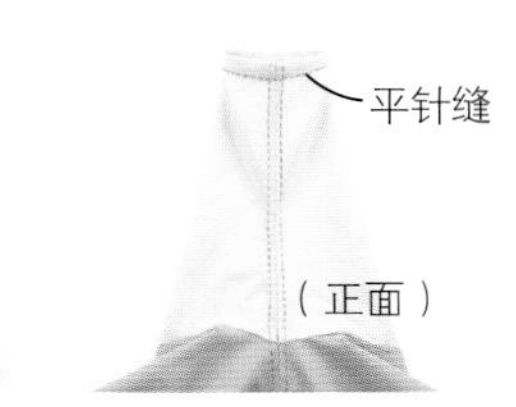

6 将袖口折两次后平针缝。

制作完成。

松紧腰 

不用拉链和纽扣就可以轻松调节尺寸。
穿脱方便以及舒适感是它受欢迎的秘诀。

〈腰部是其他布的情况〉　〈腰部折两次的情况〉

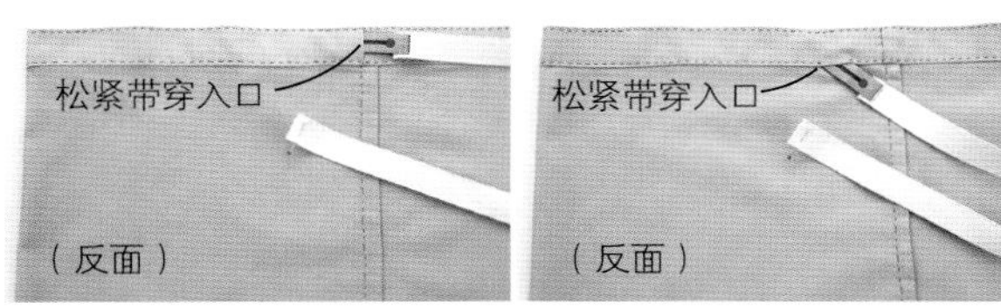

1 将松紧带夹在穿带器上，为防止松紧带尾部抽入穿入口，可用珠针将其尾部固定住。从松紧带穿入口处开始穿松紧带。

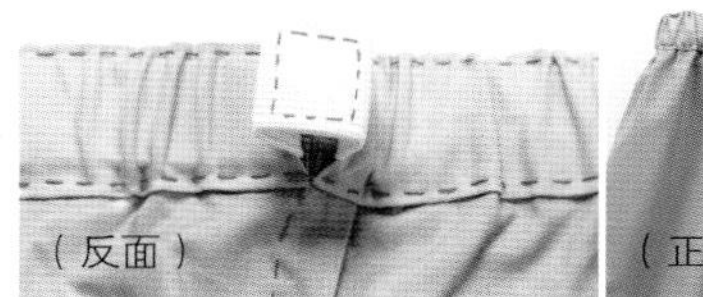

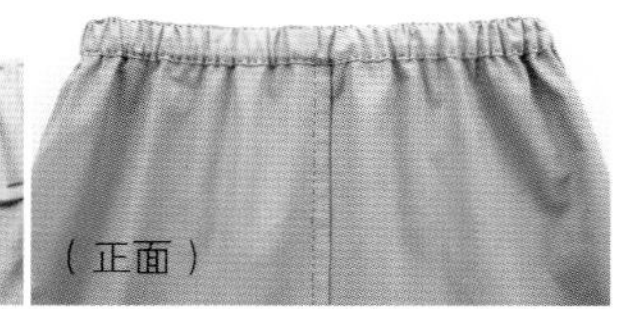

2 两端按指定尺寸重叠并用半回针缝的缝法缝成四边形。

宽松紧带用穿带器

在给腰部穿宽松紧带时，一边把扭转的松紧带顺平一边一点点地穿。但在穿的时候穿带器很容易歪到了别处。用市面上卖的宽松紧带用穿带器的话可以不那么费事。打开一侧，将松紧带夹住后紧紧地固定住。宽松紧带不会在中途扭转，能够顺利地穿到最后。

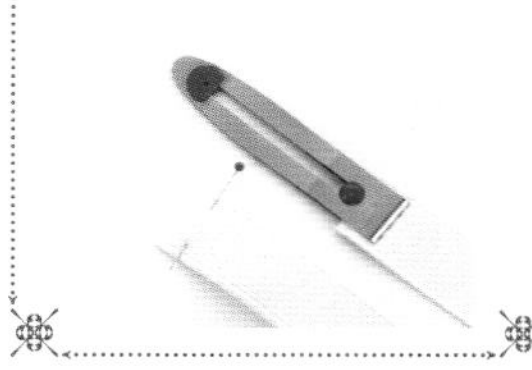

下摆 

把下摆折两次后平针缝即可。
这种方法也可用于袖口，产生只有手工缝制才能出来的松软、舒适的效果。

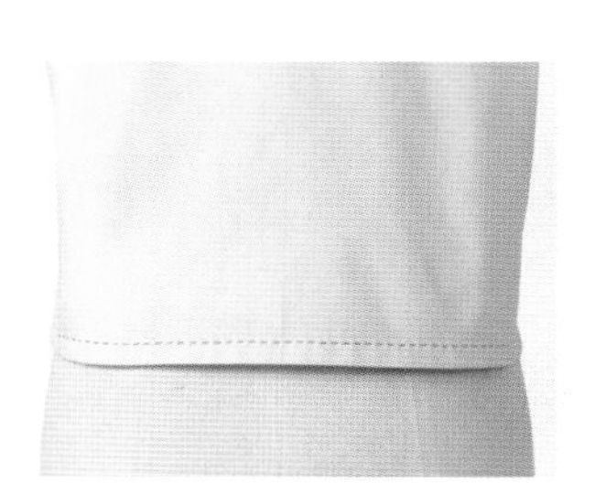

折两次

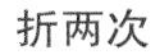

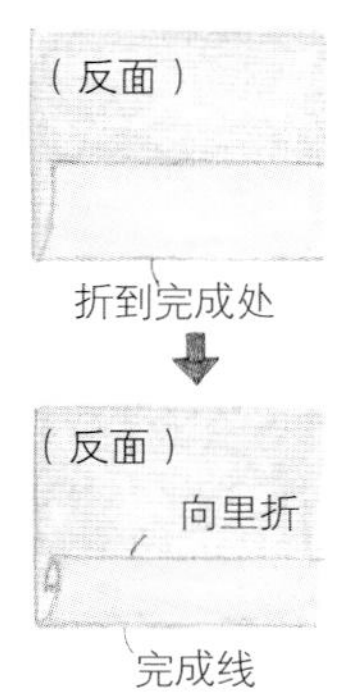

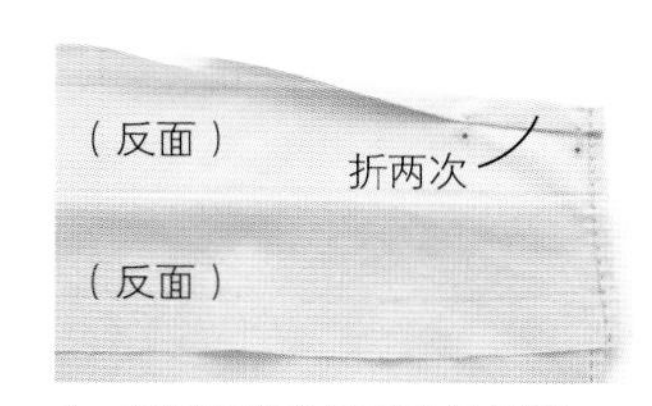

1 下摆折两次后用珠针固定。

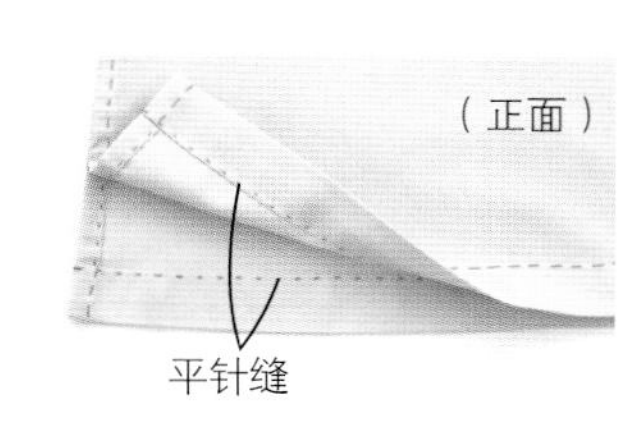

2 将内侧的折痕平针缝。

一片式裁剪是将前身片、袖子、
后身片拼接起来，
制成独特的样式。
不管是裁剪部位还是拼接处都很少，
所以可以轻松地享受服装制作，
而且柔软的穿着感也是它的魅力之处。
P.53的束腰衣和P.98的罩衫，
只用将袖下到肋部的部分缝制即可完成。

Lesson* 1

开始前的

准备工作

这里简明地介绍了布料和工具等手工缝纫的基本用品。
掌握从丰富的种类中选择的诀窍以及使用方法，
从尝试做简单的小饰物开始，
慢慢地享受手工缝纫的乐趣。

MOCO
3M
MOCO
3M

开始前的准备工作

先检查下适合手工缝制的布料、便利的工具、纽扣，然后愉快地拿起针线开始手工缝纫吧。

cloth 关于布料

根据材质、织法和厚度的不同，布料分为很多种。
建议选择适合手工缝纫并且针线容易穿过的柔软布料。

适合手工缝纫的布料

有亲近感的棉布、亚麻布、丝绸等薄面料或普通面料比较适合手缝。秋冬季节推荐较薄的灯芯绒、羊毛布或毛毡等。

半亚麻布　亚麻布　棉麻布

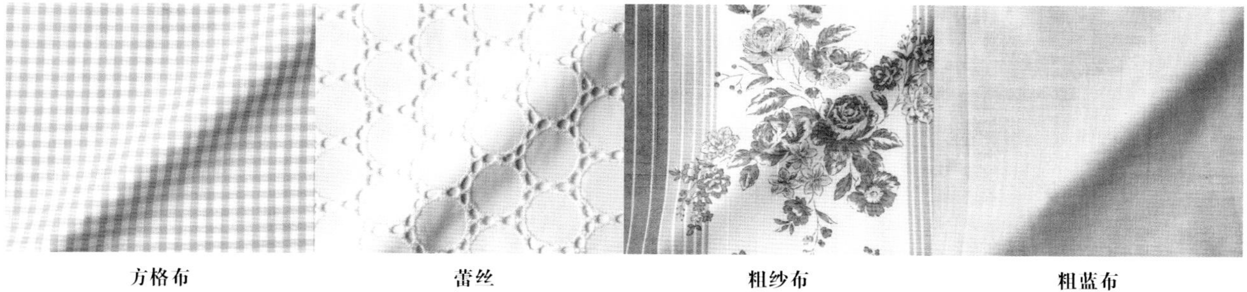

方格布　蕾丝　粗纱布　粗蓝布

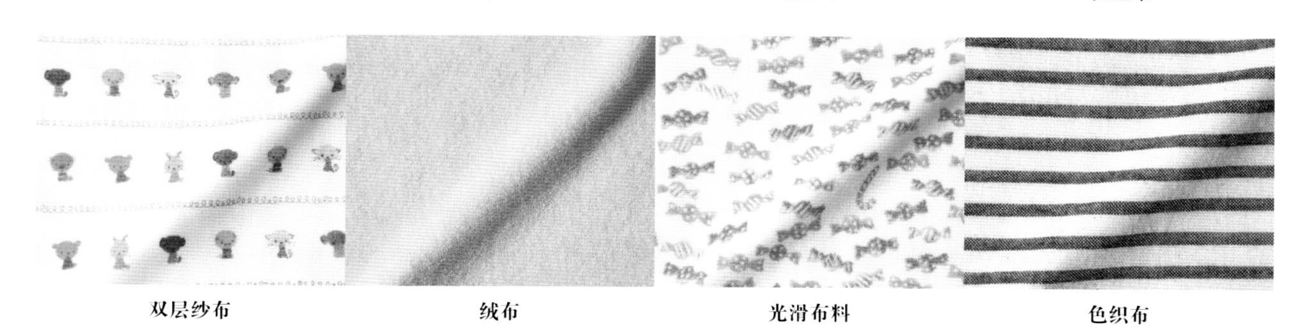

双层纱布　绒布　光滑布料　色织布

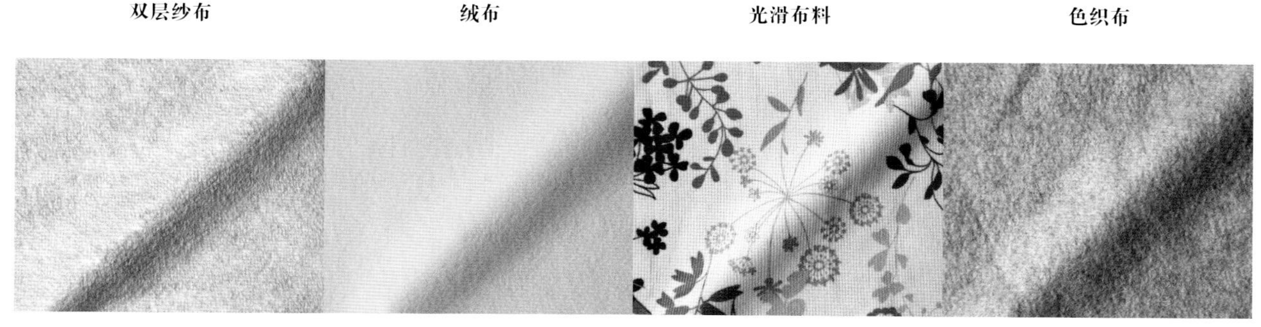

羊毛纱布　毛毡　灯芯绒　羊毛布

布纹的方向　正、反面的识别方法

由纵纹和横纹织成的布，我们把它的纵纹叫作“布纹”，在裁剪图和纸型上用箭头(↔)表示。纵纹45°方向的“斜纹”是最容易伸展的，横纹的两端叫作“布边”。
花纹比较清晰的一面叫“正面”。布边上有文字，印花颜色清晰的一面为布的正面。

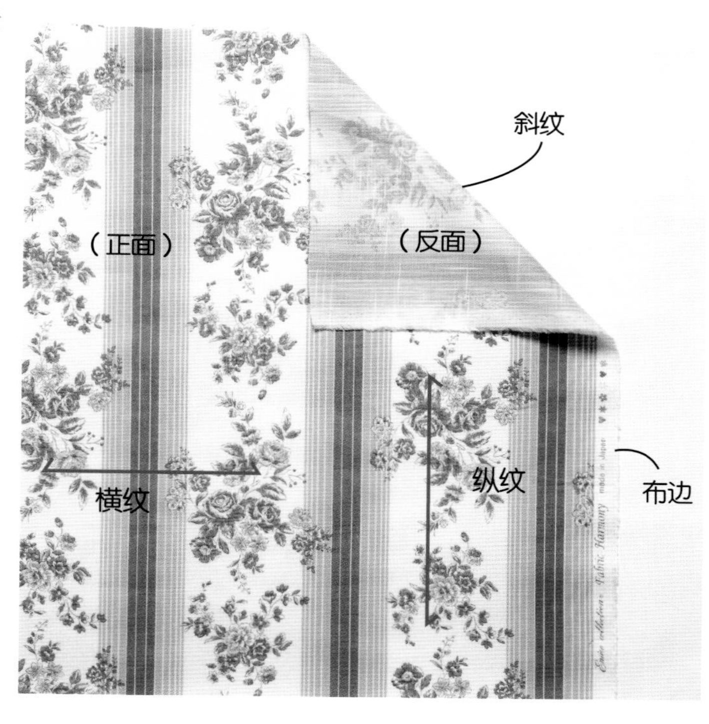

布的相关性质

	纤维	特征
天然纤维	棉	吸水性、保湿性强，纤维含量高，所以可以轻松地洗。掉色的布料有必要干洗。熨烫时用高温蒸汽。
	麻	吸水性及散热、散湿性强，给肌肤带来清爽感。由于布料较结实，所以也用于餐布和床单等。建议水洗。
	绢	柔软有光泽，吸湿通气性、保湿性强。除了耐洗的尽量避免水洗，熨烫时不用蒸汽，调中低温熨烫。

words 用语

这四种用语经常出现在纸型、裁剪图、缝纫顺序中，虽然很相似但意思却完全不同，是手工缝纫中不可或缺的用语。

折线和布筒

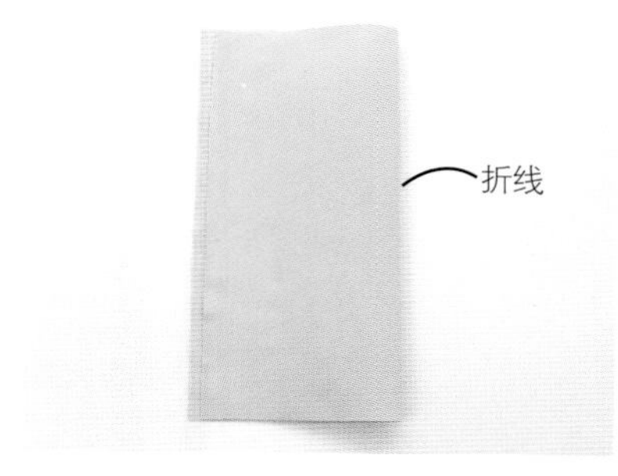

布折叠后的折痕叫“折线”，将布缝合成筒状后叫“布筒”。

正面相对和反面相对

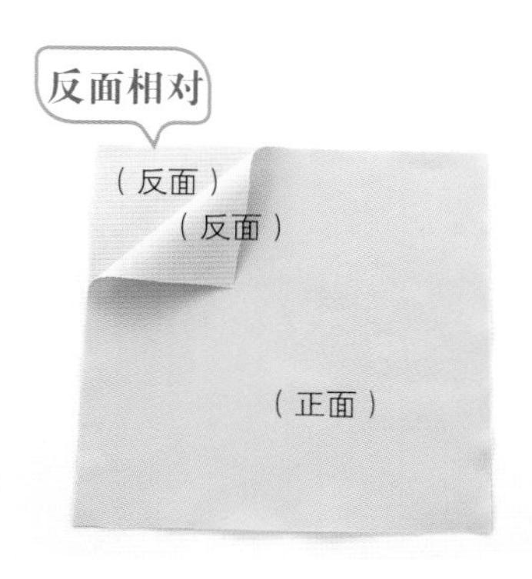

将布的正面与正面相对叠放叫“正面相对”；将布的反面与反面相对叠放的叫“反面相对”。用于叠布或将两块布合在一起时。

tool 所需工具

从纸型到成品都选择使手工缝纫变得轻松的工具。
挑选简单好用的工具。

纸型和裁剪的工具

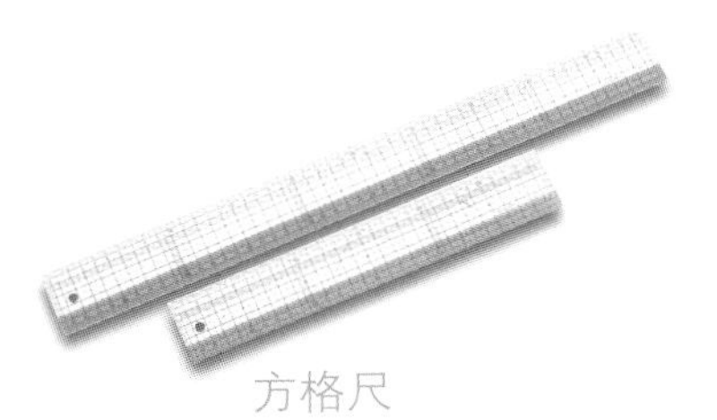

方格尺

能方便、准确地画出缝份平行线及斜线。有30cm和50cm两种长度，非常方便。

卷尺

用于测量尺寸或纸型的曲线长度。伸缩性小、等间隔地用颜色区分，可以测量得更准确。

裁布剪刀

裁布专用剪刀。约24cm、轻便、易上手。建议不要用来剪布以外的物品。

小剪刀

进行精细作业时选择刀刃锋利且小的剪刀。为避免剪刀变钝，裁布和裁纸的剪刀分开用。

手缝的工具

手缝针

适合薄布和普通布的细小的针。根据自己的需要可以选择比它短或比它长的针。

手缝线

结实、顺畅的专业手缝线。刺绣时选择手缝绣线。

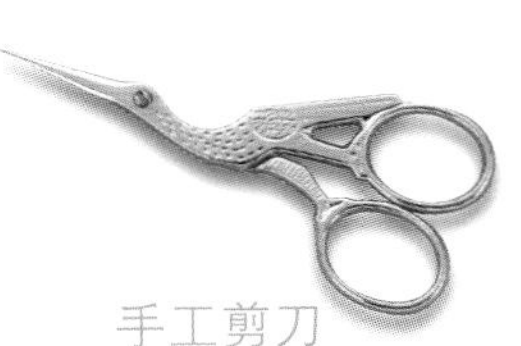

手工剪刀

尖端较锋利，是很好用的手工剪刀。适合精细作业，也可放在身边用作剪线头。

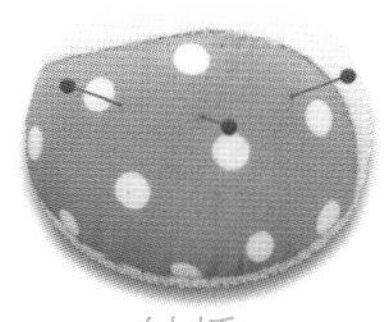

针插

方便插入针，有固定的作用。加工过的棉絮可以防止缝衣针、珠针生锈。

珠针

推荐使用不伤害布料的、较细的针。头部是用玻璃或塑料制的，可以抵抗熨斗的热度。

穿线器

可以轻松、快速地将线穿进针的用具。有普通线、刺绣线用的手拿式，还有台式等种类。

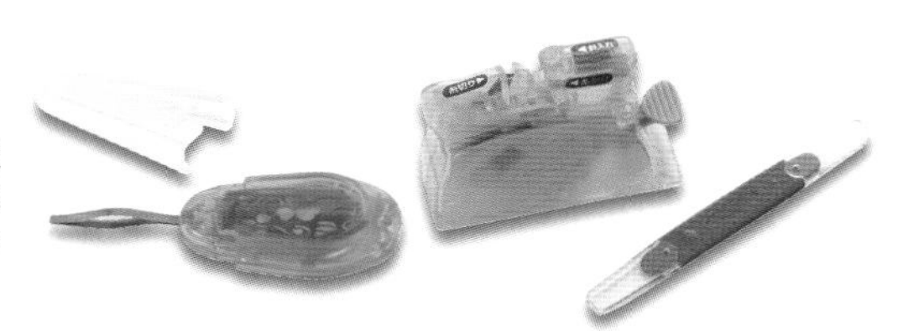

标记的工具

粉土笔

标记时的必需品。时间长了痕迹自然会消失。有可以用水消去的种类，也有用专业笔擦消去的种类，请根据自己的用途区分使用。

收尾的工具

蒸汽熨斗

除了用于成品也可用于贴黏合衬。熨平衣服的家庭用熨斗就可以。

喷雾器

用于熨烫时，特别是熨褶时。推荐使用雾较细的喷雾器。

烫台

熨烫时必须在烫台上。简单的长方形用起来比较方便。

便捷工具

让手缝衣服和小饰物更加美观的便利工具。提高作业速度，不断扩展灵感。

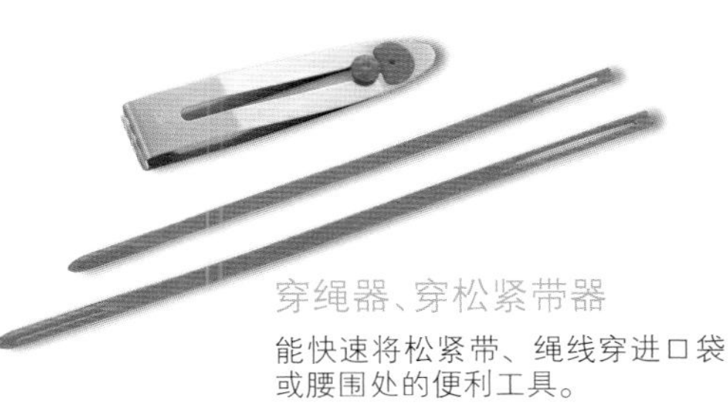

穿绳器、穿松紧带器

能快速将松紧带、绳线穿进口袋或腰围处的便利工具。

钩针

将手缝专用的绣线以钩织的方法制作，多用于编细绳。

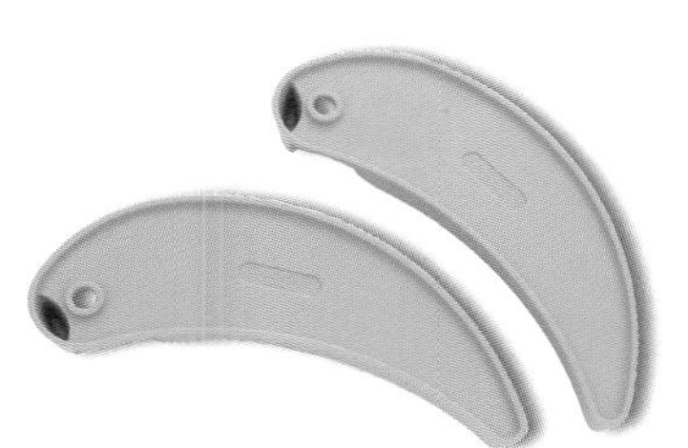

镇纸（重物）

将实物大纸型描印到透写纸、描印到布料上时，为保证不错位而使用的重物。

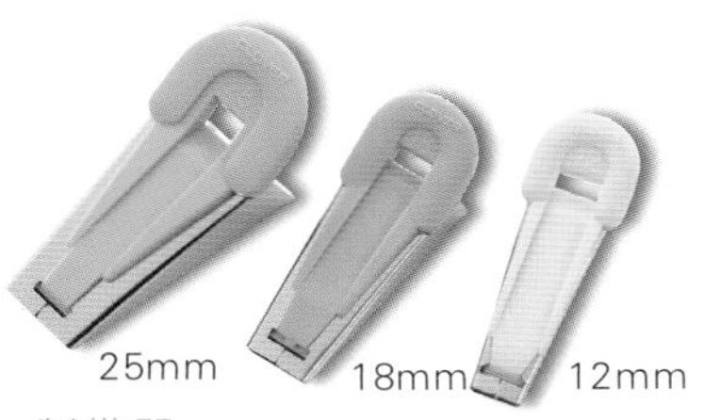

制带器

轻松制作滚边条的工具。根据用途不同，选择合适的宽度。

防止热粘贴时拉长的带子

这种带子用熨斗可以轻易粘贴上，用于防止布料拉长。不仅防止拉长还有加固作用。

熨斗手套

在熨烫袖山或肩部等细微部位时使用。单手戴上，整理时不毁坏柔软的圆形。

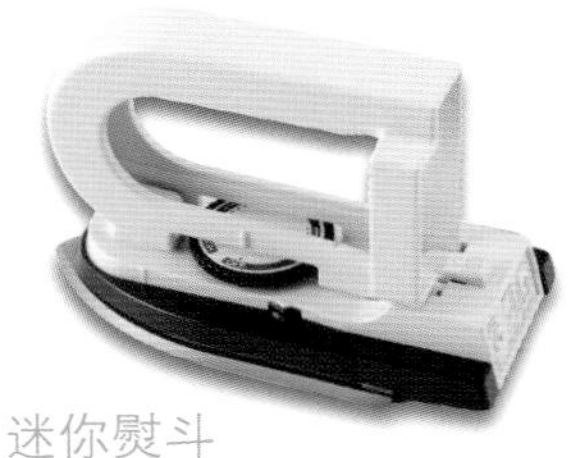

迷你熨斗

不影响桌上作业的便捷工具。在熨烫小配件和细小部位时发挥作用。

迷你烫台

将烫台、裁剪垫和标记台合成一体的折叠式工具。是容易携带的便捷式。

穿线器的用法

有了穿线器，即便是麻烦的穿线也变得轻松了。
事先多准备几根针，给它们都穿好线，这样的话作业会进行得更顺利。

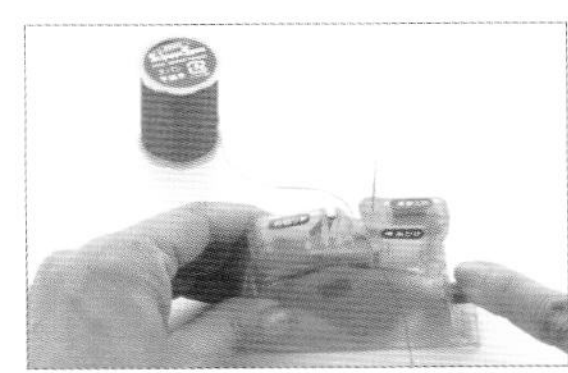

台式穿线器

❶把线放入槽里。将针眼朝下放入，按下手柄即可。

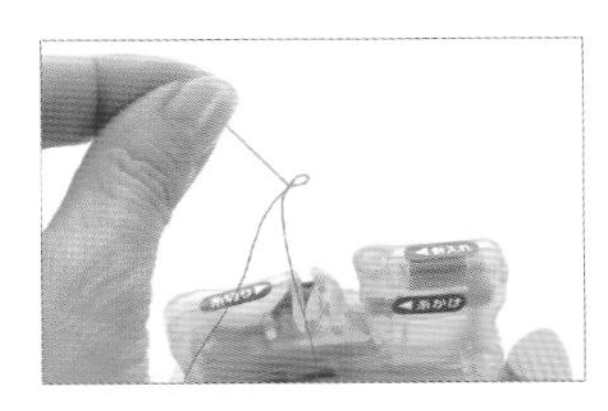

❷将针拉出来时，线就已经穿过针眼。再将线从针眼处拉长，剪下需要的长度。

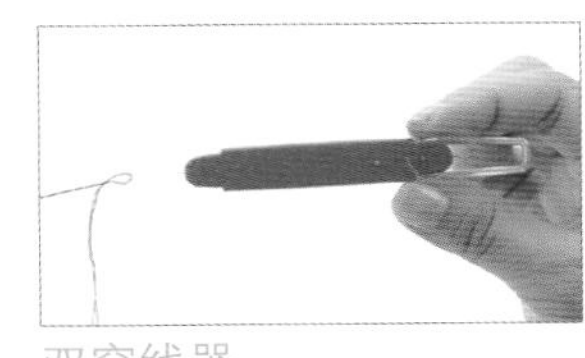

双穿线器

将环插入针眼，并将线穿过环。当把环从针眼拉出后，穿线就完成了。

option 黏合衬

背面带黏合剂的衬，用熨斗加热后与布料粘贴。根据表布和用途来选择适合的种类。

作用

- 使表布保持张力，做出带有立体感的漂亮款式。
- 增加布的厚度和硬度，加固部分位置。
- 防止布料拉伸。
- 防止穿后或洗后的变形，保持衣服的款形。

正面和反面

基布的布纹或无纺布的毛绒较明显的一面是正面。带黏合剂的反面会有光泽及粗糙感。在熨烫前先用手触摸和观察布面的光泽来确认一下。

种类及选择方法

黏合衬的种类有平织布、无纺布、针织布等多种。购买时注意有强力黏合型和黏合较弱的临时黏合型两种。手缝时注意选择不损坏表布质感的黏合衬。

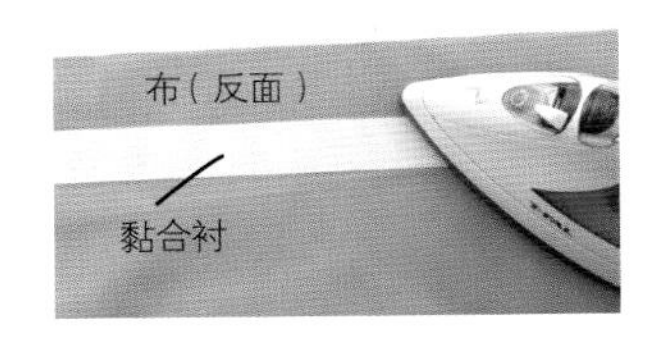

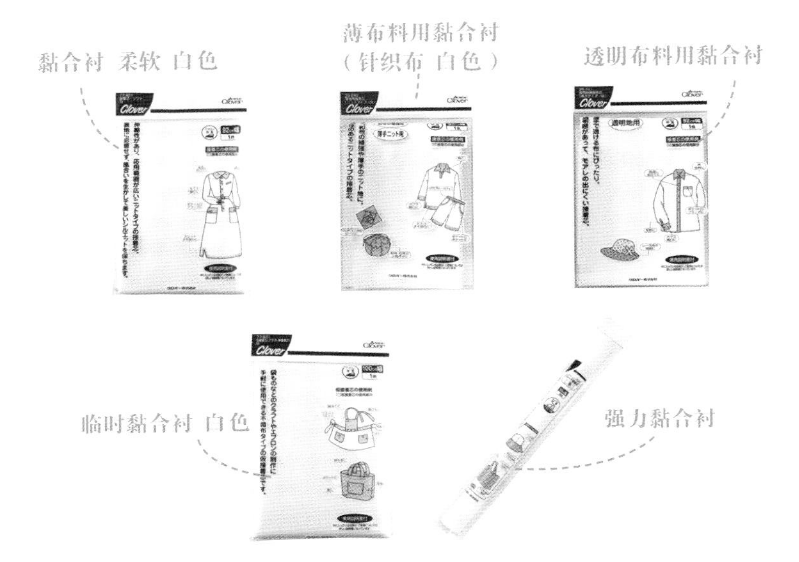

黏合方法

1. 参照裁剪图，按纸型剪下黏合衬。
2. 将布的反面朝上，铺在烫台上。
3. 将黏合衬的黏合面朝下，与布料重叠。
4. 参照黏合衬使用方法说明书，将电熨斗调到合适的温度。

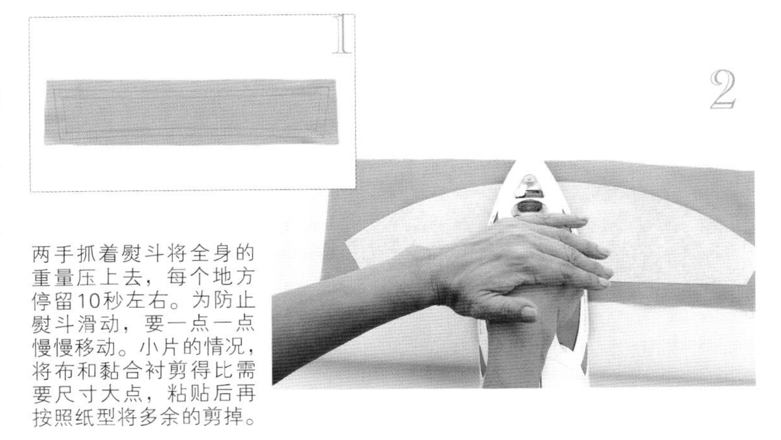

两手抓着熨斗将全身的重量压上去，每个地方停留10秒左右。为防止熨斗滑动，要一点一点慢慢移动。小片的情况，将布和黏合衬剪得比需要尺寸大点，粘贴后再按照纸型将多余的剪掉。

附件

用于服装、饰物的开合部位的纽扣和摁扣。事先掌握了缝制要点的话，应用范围也会扩大。

两眼纽扣的缝法

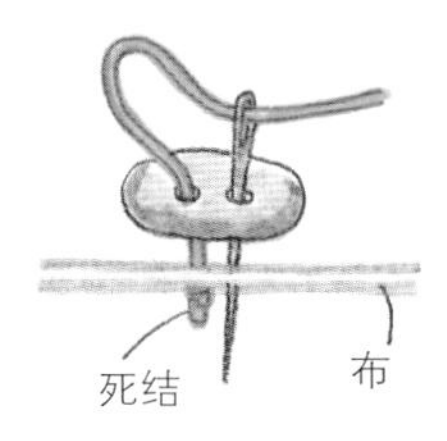

1 将线通过布穿过扣眼，在布和纽扣间留下相当于布的厚度的间隙。

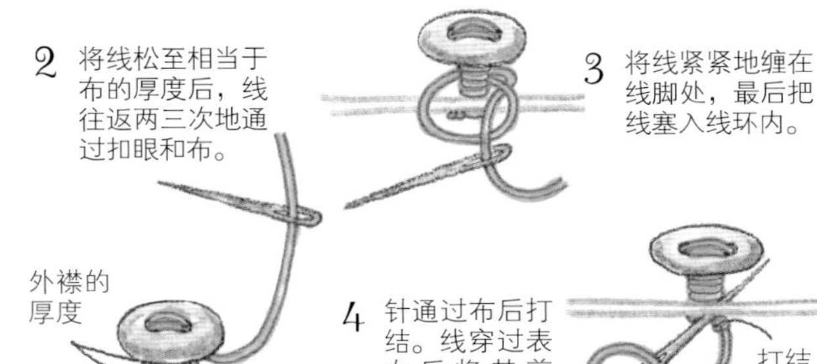

2 将线松至相当于布的厚度后，线往返两三次地通过扣眼和布。

3 将线紧紧地缠在线脚处，最后把线塞入线环内。

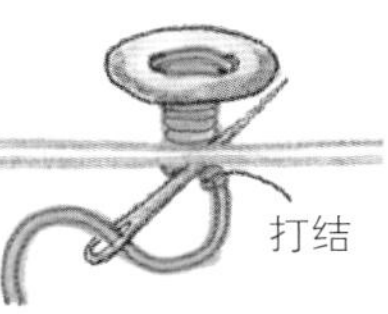

4 针通过布后打结。线穿过表布后将其剪去。

暗眼扣的缝法

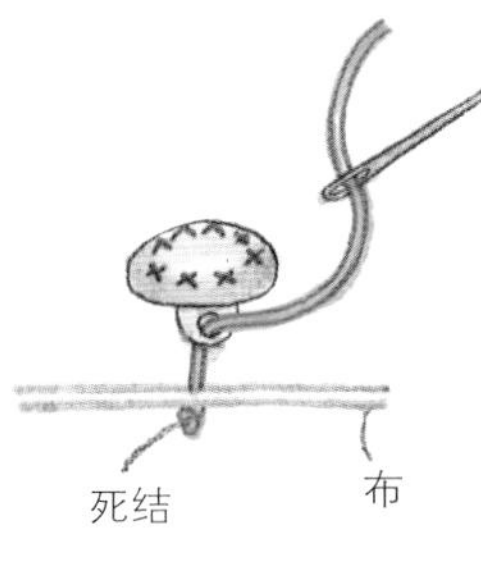

1 线通过布拉出后再穿过扣眼。

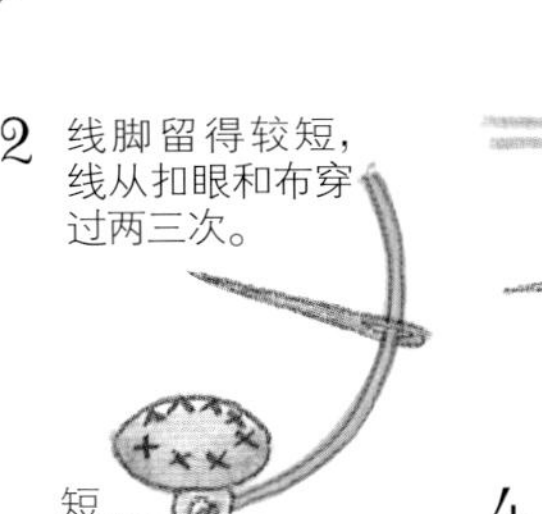

2 线脚留得较短，线从扣眼和布穿过两三次。

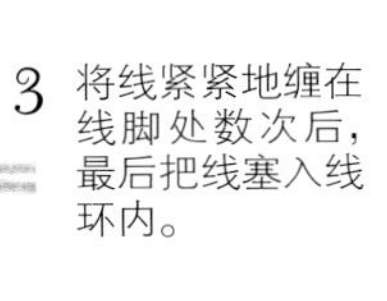

3 将线紧紧地缠在线脚处数次后，最后把线塞入线环内。

4 针通过布后打结。线穿过表布后将其剪去。

摁扣的缝法

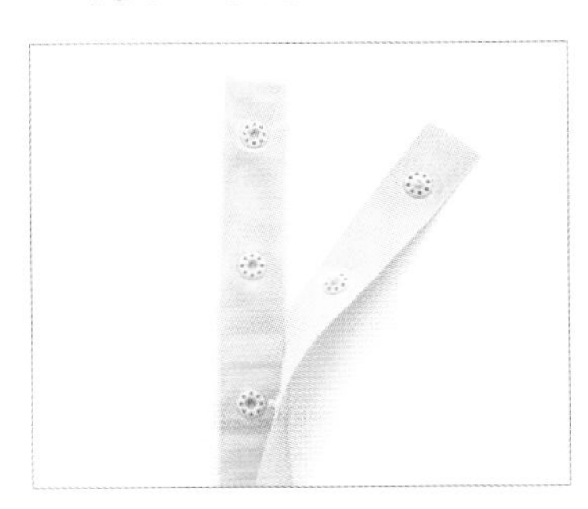

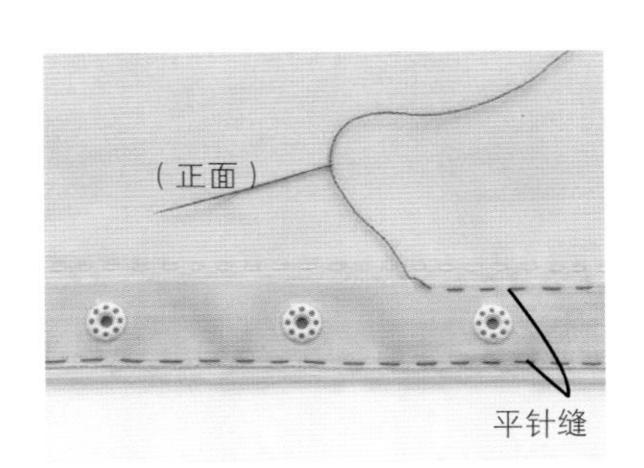

1 将带摁扣的布带放在要缝的位置上，把布带两边平针缝。

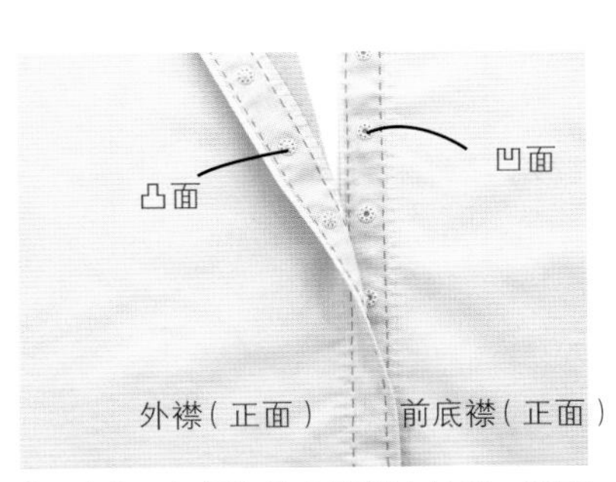

2 注意，把摁扣的凸面缝在外襟，凹面缝在前底襟。

简单小饰物的

制作教程

初次的手缝先从简单的小饰物开始。
只要坚持缝就能完成。
手缝可以让你感受到每一针的乐趣。
让我们开始做能很快完成并马上使用的小饰物吧！

corsage

胸花

实物大纸型第1面【1】

剪成花瓣形状后，用大针脚缝成胸花。花纹和针脚相结合后，更显可爱。

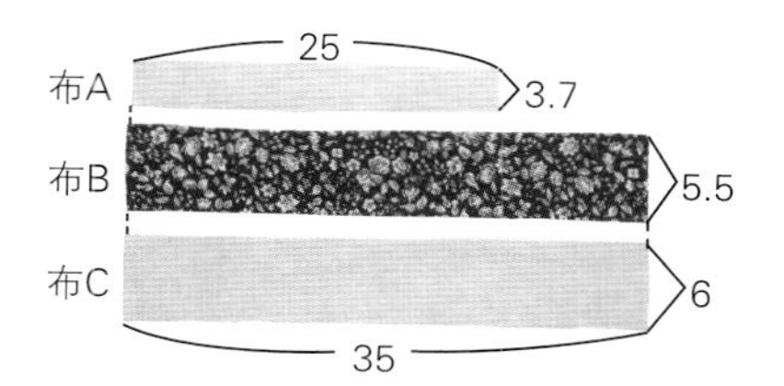

布A（棉・无纹）= 25cm×3.7cm
布B（棉・印花）= 35cm×5.5cm
布C（棉・无纹）= 35cm×6cm
线 = 合成纤维手缝线、手工缝纫线〈MOCO〉
纽扣 = 直径1.8cm的1颗 别针 = 1个

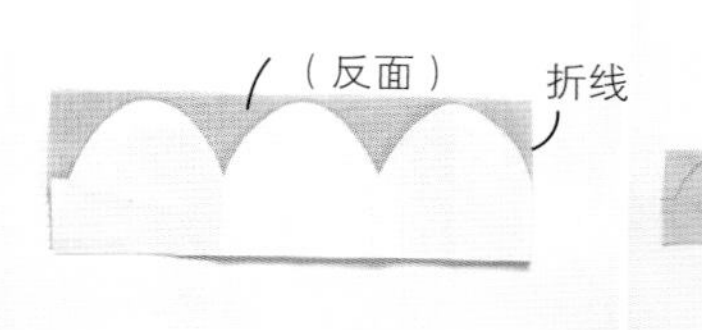

1 将布A正面相对对折后，一面一面地和纸型重叠后画上标记。也给布B、布C做同样标记线。

在布的反面做标记线后的状态。

2 在布A标记线的内侧，缝上平针缝针迹。也给布C做同样的平针缝。

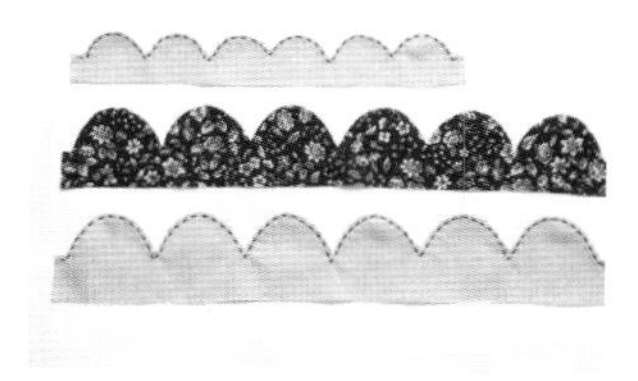

3 沿标记线剪下布A、布B、布C。

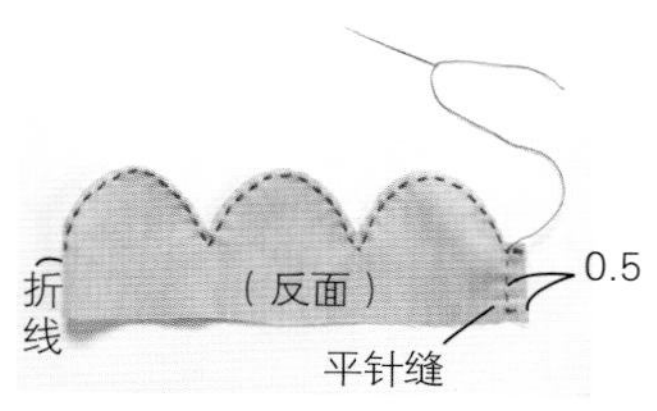

4 将布A正面相对对折后，如图把侧边平针缝。缝线不要剪断。

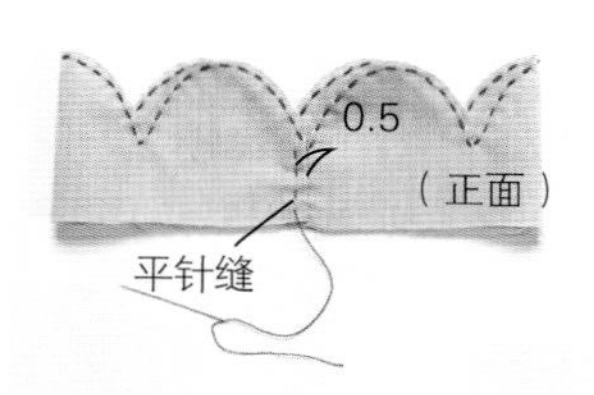

5 将缝份倒向单侧后翻回正面，用步骤4留下的线将缝份缝合。

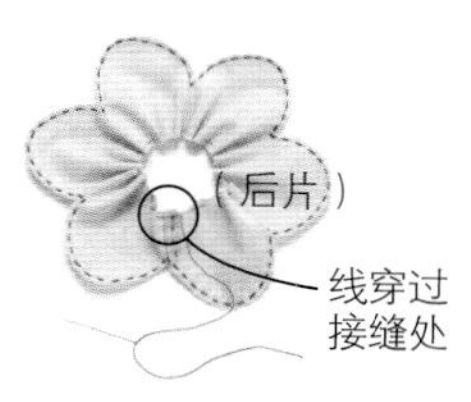

6 在布A的下端，用1cm左右的大针脚平针缝。线穿过接缝处。

拉紧平针缝缝过的线后打结。

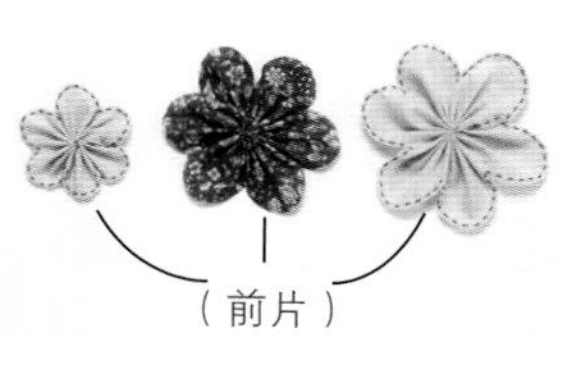

7 布B、布C也按照步骤4~6制作。

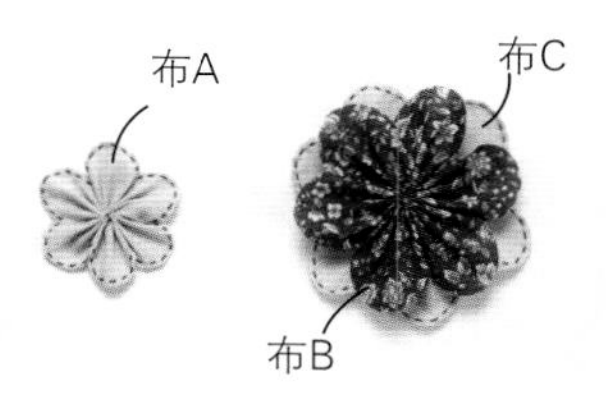

8 将布B的曲线部分错开花瓣叠在布C的曲线部分之间。

同样将布A错开花瓣重叠在布B上。将其中心处缝合后缝上纽扣。

9 在花的后面缝上别针。

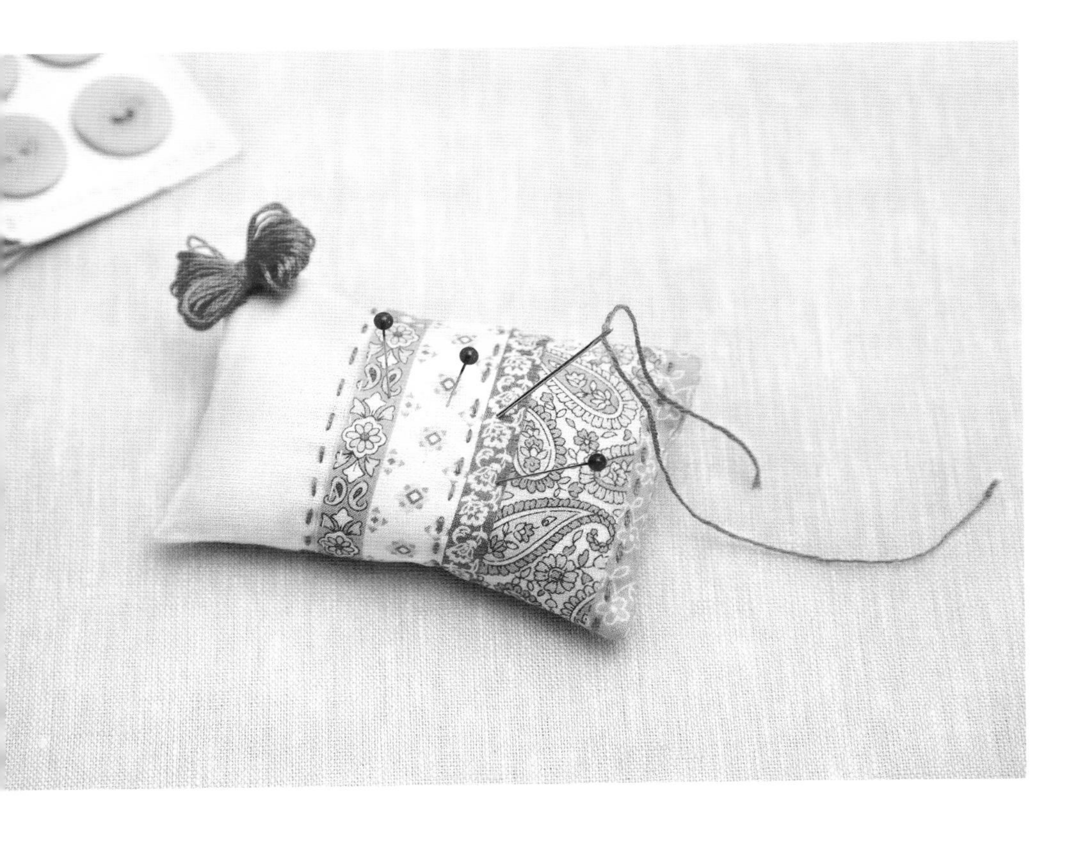

pincushion

针插

松软的小针插是由格纹布和滚边花纹布组合而成的。平针缝针迹和手缝线做成的蝴蝶结与针插淡淡的色调相搭配。

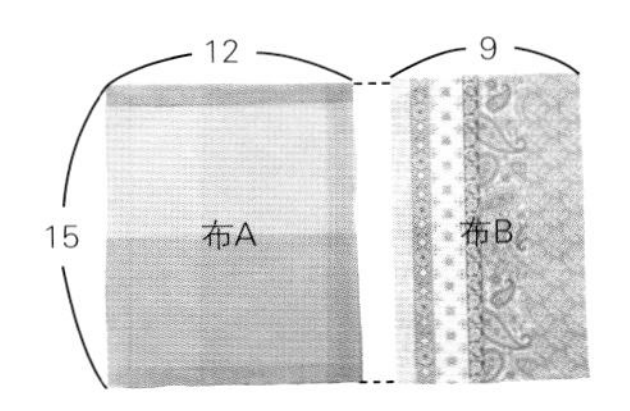

布A（棉・格纹）= 12cm × 15cm
布B（棉・印花）= 9cm × 15cm
线 = 合成纤维手缝线
　　手工缝纫线 < MOCO >
手工棉

1 将布B的左侧向反面折1cm后，翻回正面。

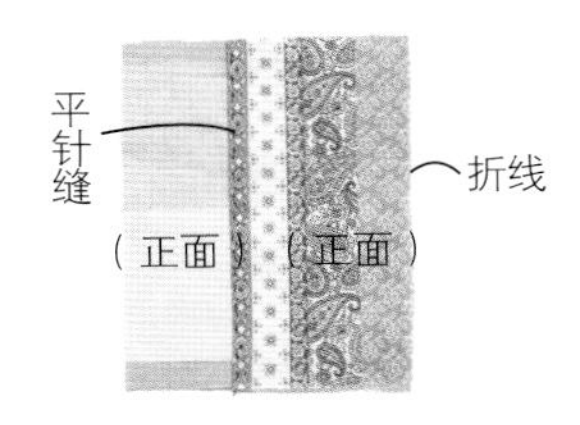

2 将布A的表布与布B的右侧相重叠，沿步骤1折过的1cm缝份平针缝。

3 在喜欢的位置缝上3条平针缝针迹。

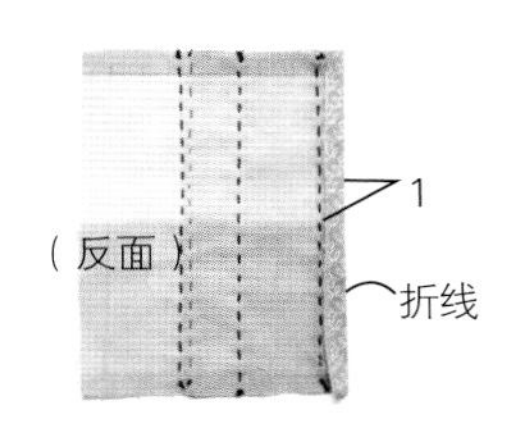

4 将步骤3翻到反面，将右侧的两块布边一起折向反面1cm。

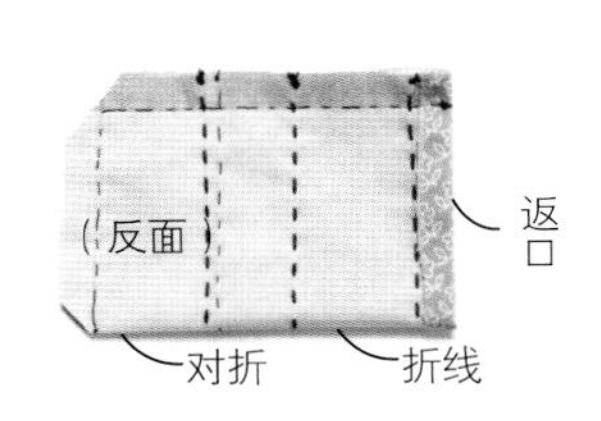

5 正面相对对折。将右侧（返口）留下，把两边按1cm缝份缝合，剪掉缝份的角。

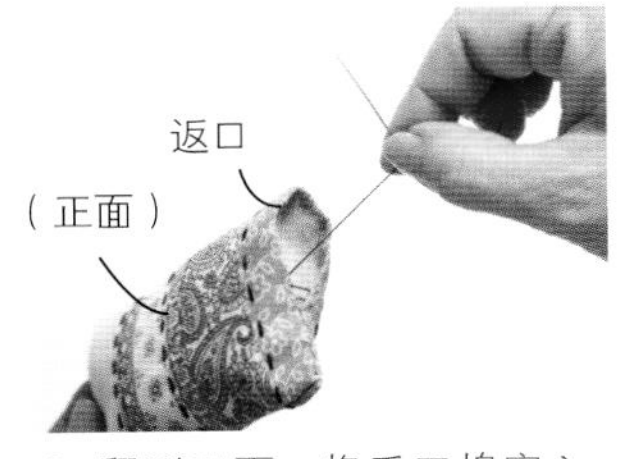

6 翻到正面，将手工棉塞入。用藏针缝将返口缝合。

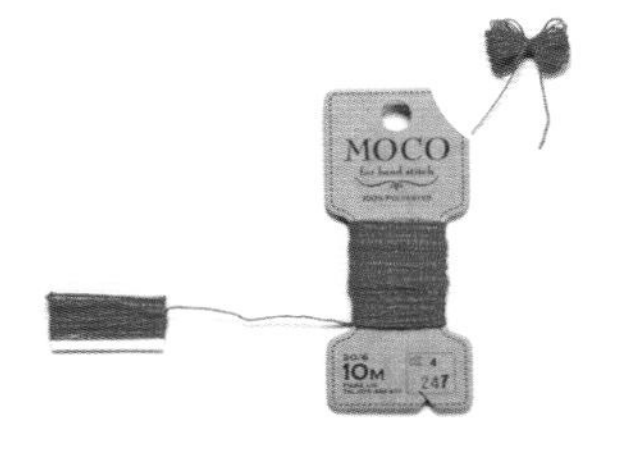

7 将缝纫线缠在3cm宽的硬纸上，缠20圈。将线从硬纸上脱离，再在中央处缠绕数圈后系紧，打结，就成了蝴蝶结。

8 用步骤7中央缠绕的线把蝴蝶结缝在步骤6的角上，即可。

tassel

流苏

可以缝在包包上或是作为室内装饰。晃动的流苏也可以用缝纫线手工做成。不同颜色的线做成的流苏也很漂亮。

※1个分量的线
线＝2卷手缝线<MOCO>（20m）
钩针3/0号

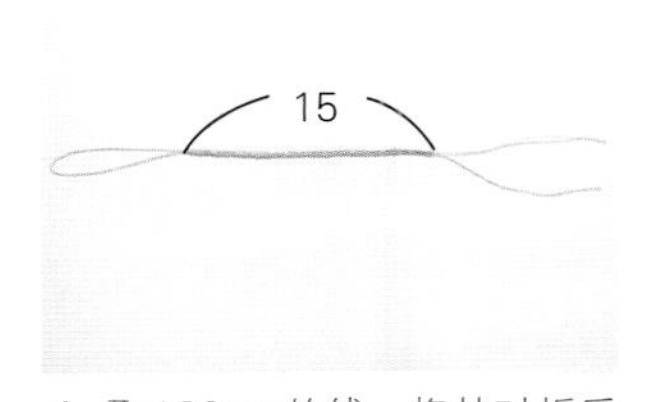

1 取180cm的线，将其对折后用链式编织法编15cm。

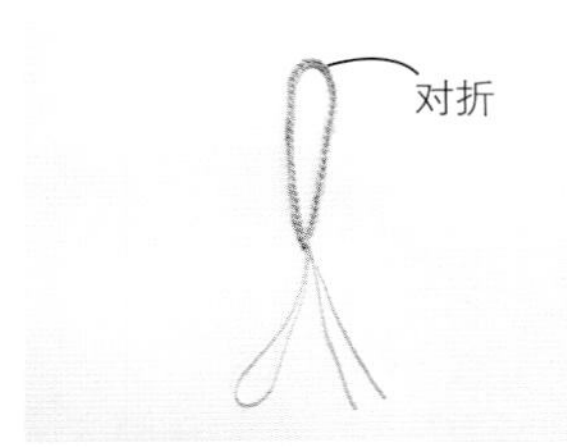

2 将步骤1对折后，把编织处的两端打结形成环（带子）。

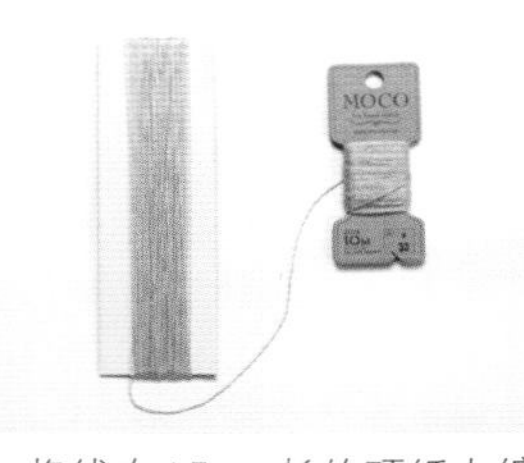

3 将线在15cm长的硬纸上缠55圈后，把硬纸去掉。

4 将步骤3中缠好的线穿入带子中置于其中央处。

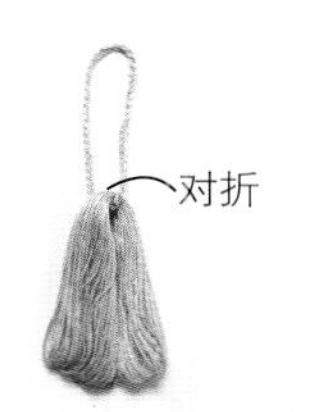

5 将带子夹住线，做成穗子。

6 用80cm的线在距穗子上端1cm处绕15圈后打结。

7 将针自下而上穿过步骤6中绕圈的线，并打成结隐藏起来。

8 将带子与穗子的上端相接后。把穗子下端剪整齐。

简单的发箍搭配上蝴蝶结。色织条格布加上波浪形布带，中心处折成褶儿。

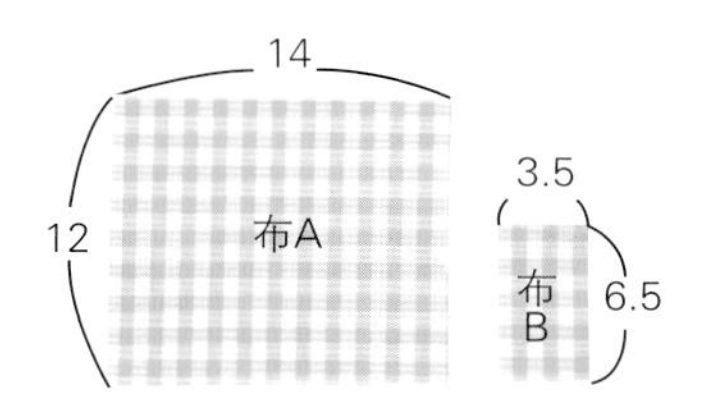

布A（棉・格纹）= 14cm × 12cm
布B（棉・格纹）= 3.5cm × 6.5cm
波浪形布带（黏合型）= 0.7cm × 24cm
线 = 合成纤维手缝线

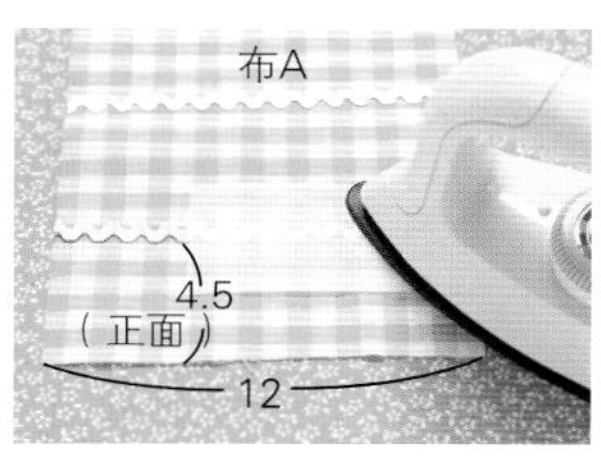

1 在距布A两边4.5cm处，用熨斗将两条波浪形布带粘贴上去。

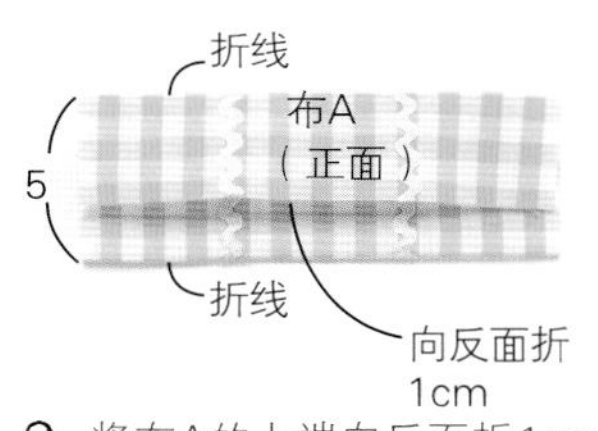

2 将布A的上端向反面折1cm后，如图反面相对折两次。

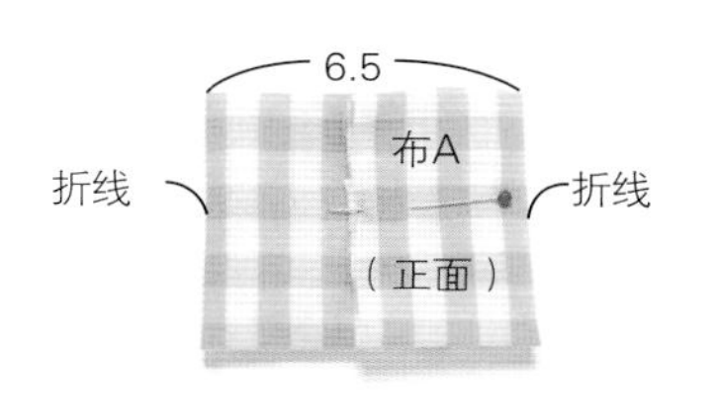

3 将步骤2的两边向里折后，使其宽度为6.5cm。

4 把步骤3翻回正面后，将中央处缝合。

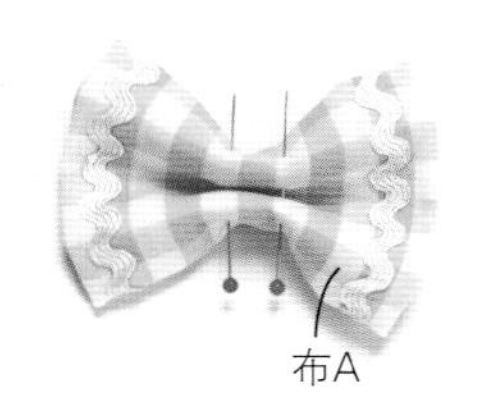

5 将步骤4的中央处如图折成槽状并用珠针固定。

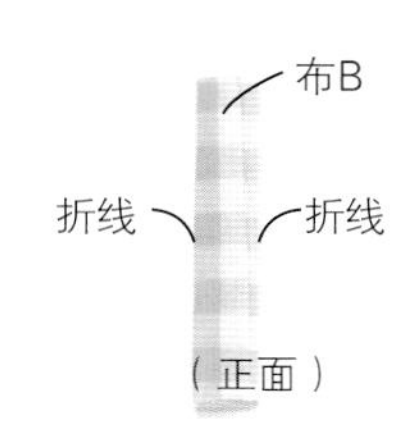

6 将布B横着折两次。

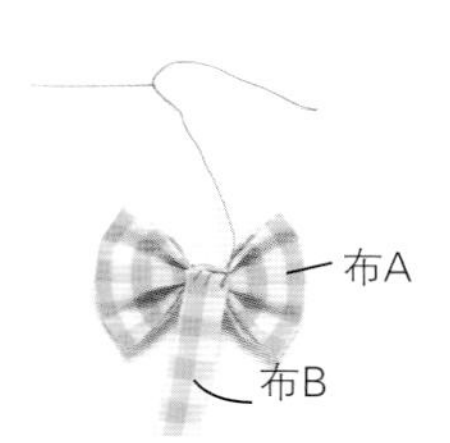

7 将布B卷住布A的中央处，在背面将布B缝合后将其缝在发箍上。

仅在简单的部位加上波浪形布带就显得很别致。也有用熨斗粘贴的方法，非常方便。

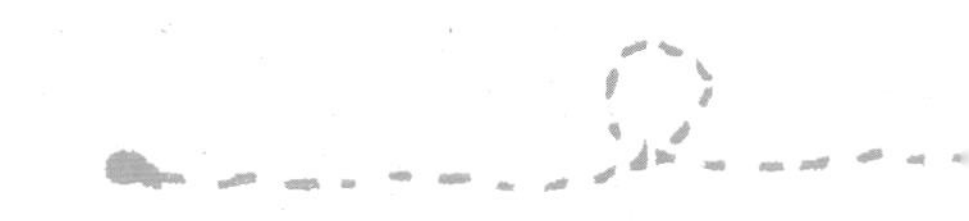

chouchou
发圈

将皮筋穿过筒状的布，只要包好缝上就完成了，环状的发饰很好搭，轻松的表情如绽放的花朵般灿烂。

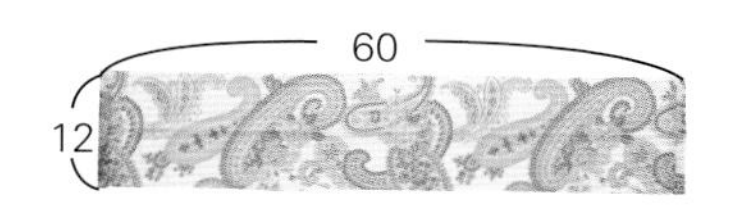

布（棉・印花）＝
60cm × 12cm
线＝合成纤维手缝线
皮筋

1 将布的两侧往反面折1cm，用指甲刮下折痕。

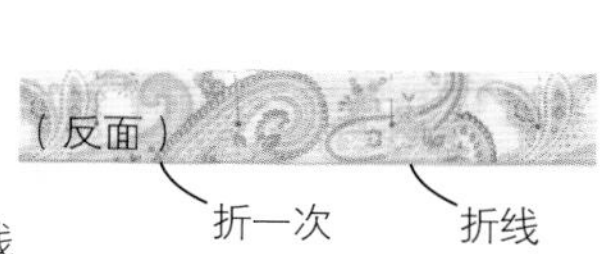

2 正面相对折一次。

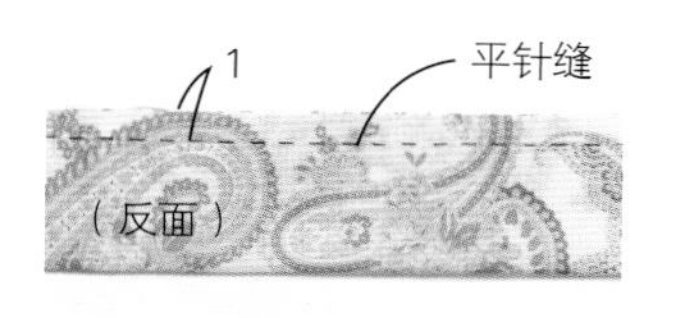

3 在距上端1cm处平针缝。

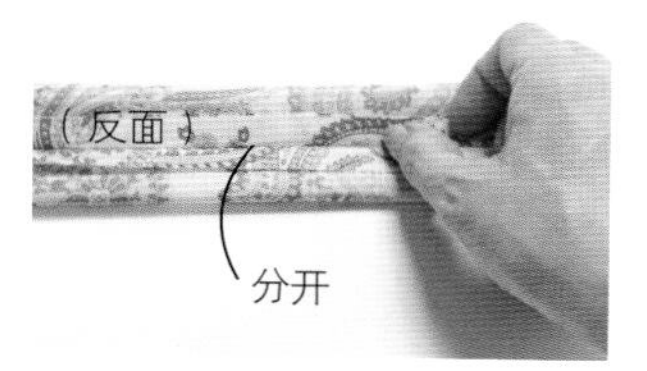

4 用指甲将缝份分开。

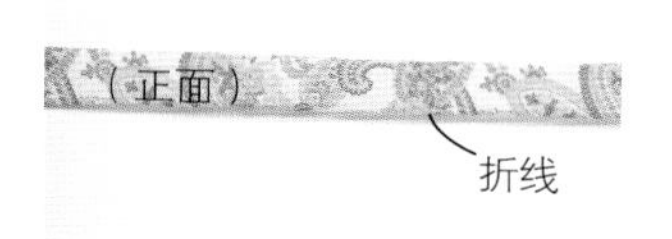

5 翻回正面。

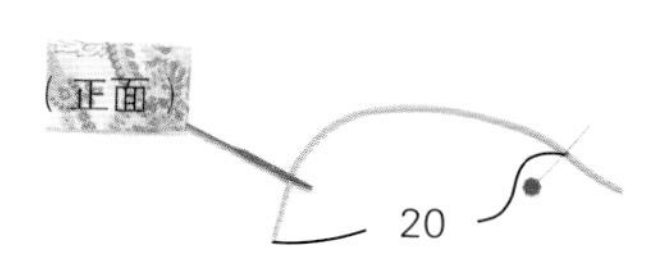

6 将珠针固定在距离皮筋前端20cm处。用穿皮筋器从布端将皮筋穿过。

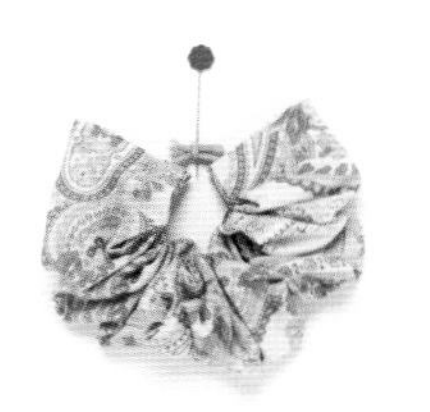

7 在珠针固定处将皮筋连接，去掉珠针。

8 将布的两端用藏针缝缝合。

attached collar
领子

用两块布缝合制成的领子，给朴素的圆领带来简单的形象改变。选择你中意的布料多做几种，享受搭配的乐趣。

实物大纸型第1面【2】

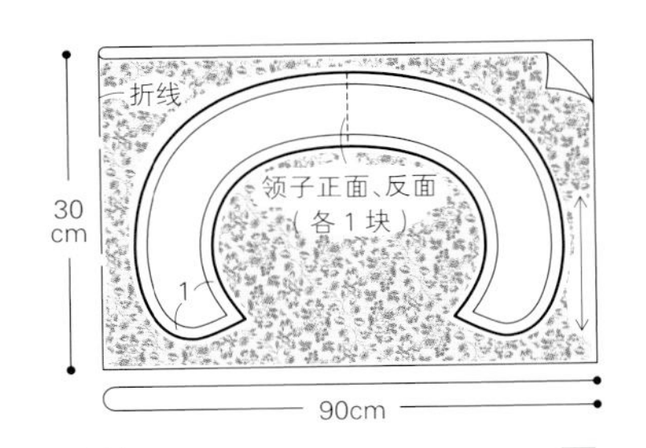

布（棉・印花）= 90cm × 30cm
线 = 合成纤维手缝线
纽扣 = 直径0.7cm1个

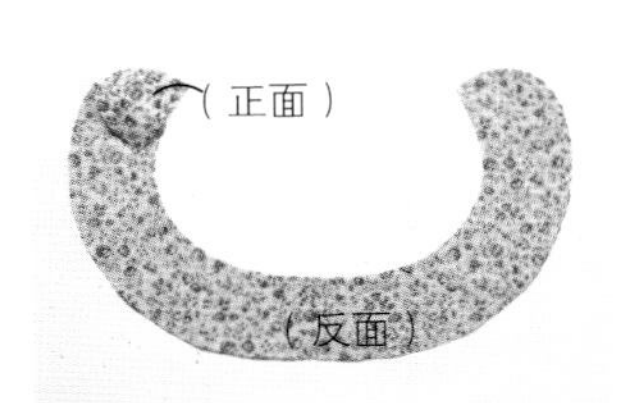

1 将领子的正面和反面重叠对齐。

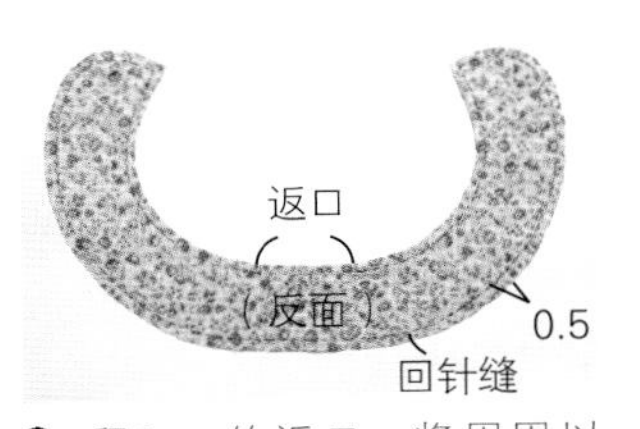

2 留8cm的返口，将周围以回针缝缝合。

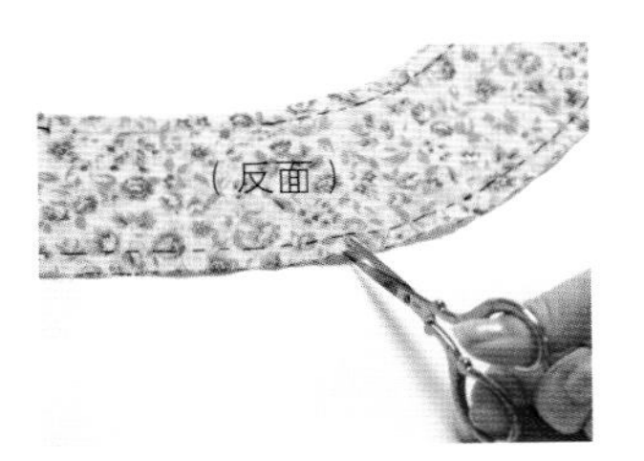

3 给缝份的曲线部分剪0.3cm牙口。

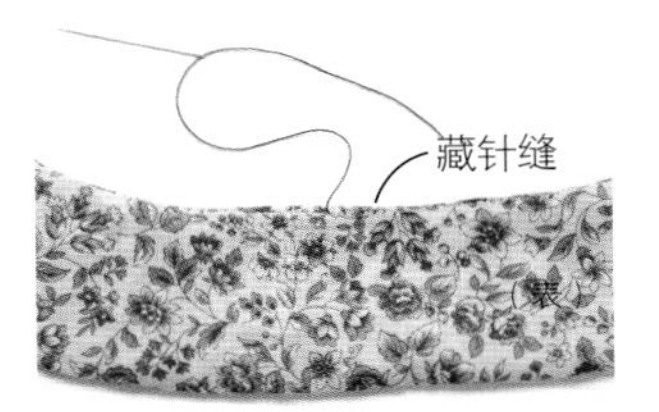

4 翻回正面，用藏针缝将返口缝合。

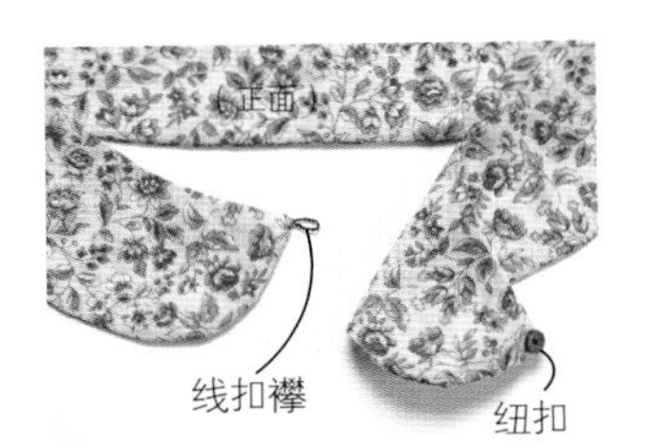

5 在领端右侧做线扣襻。左侧缝上纽扣。

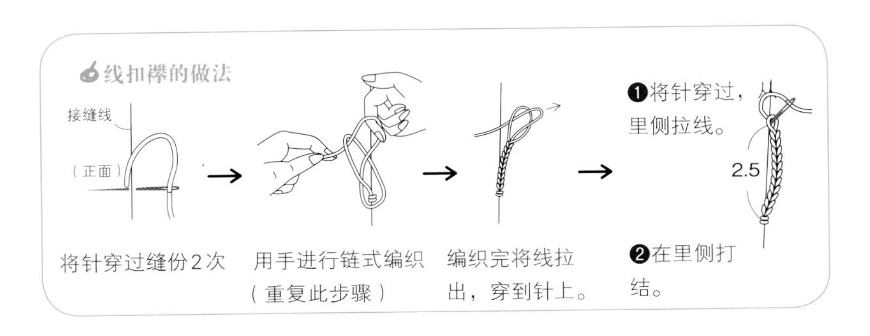

线扣襻的做法

将针穿过缝份2次 → 用手进行链式编织（重复此步骤） → 编织完将线拉出，穿到针上。 → ❶将针穿过，里侧拉线。❷在里侧打结。

covered button

包扣

用喜欢的布做成的包扣，一下子就将一成不变的纽扣变得很时尚。使用和手缝服装同样的布或是条纹布做出来的都很漂亮。

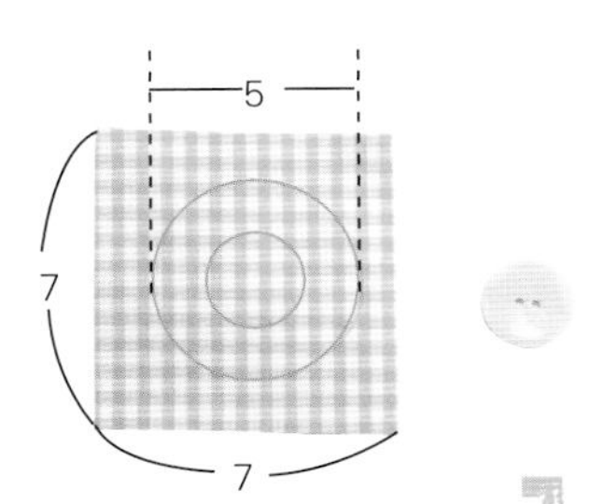

布(棉・格纹)= 7cm×7cm
线 = 合成纤维手缝线
纽扣 = 1颗直径2.5cm
※布的直径为纽扣直径的2倍

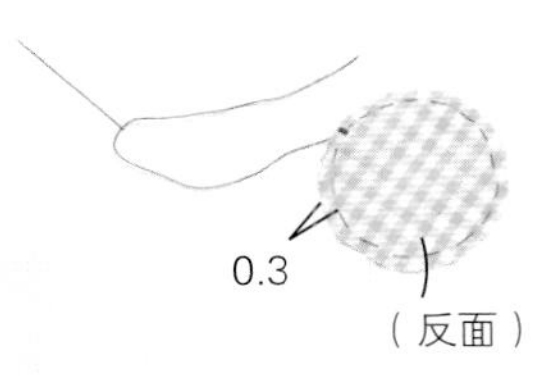

1 在距离布边0.3cm处的内侧缝一周。将缝完的线露出在布的正面。

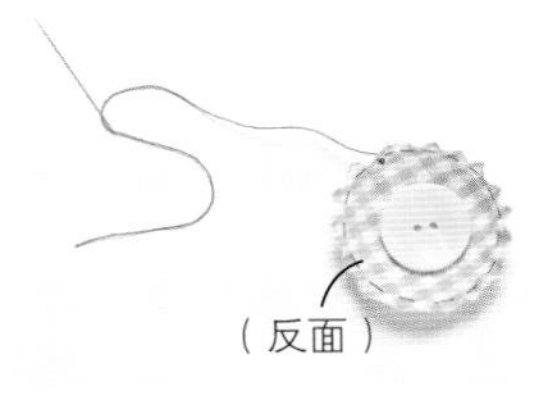

2 将圆形纽扣朝下放置于布的反面中央处。

3 拉紧缝线，对扎口周围进行缝合。

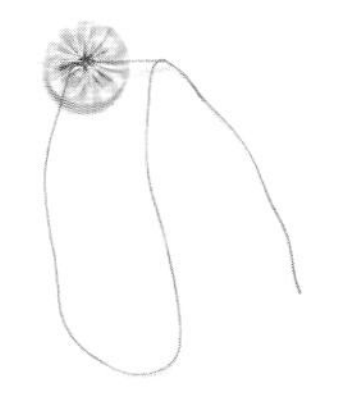

4 在扎口处，线以放射状再缝合几针固定。

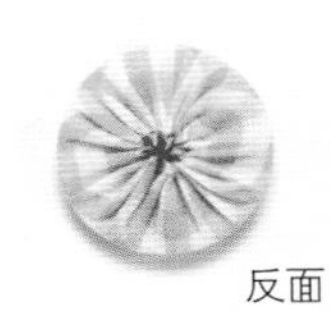

5 打结后将线头隐藏于布的里面。

6 制作完成。

corsage

胸花

漂亮的胸花让人想起在风中飘曳的蒲公英。给布剪出牙口做成纤细的花瓣。用无花纹和花纹布做 5朵后，最后做成朴素的花束。

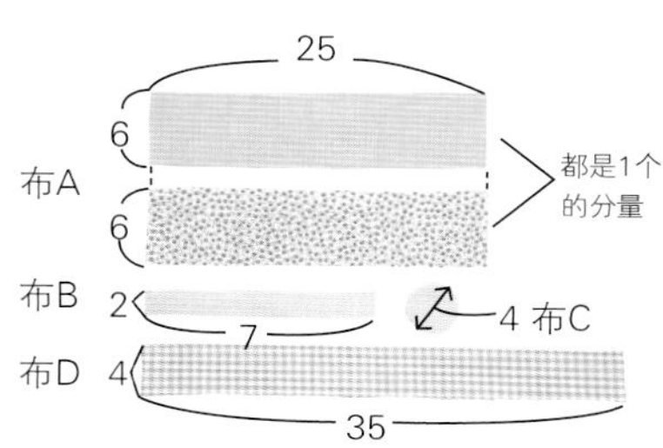

布A〈花瓣〉
（棉・无花纹或印花）= 25cm×6cm
布B〈茎〉（棉・无花纹）= 7cm×2cm
布C〈花萼〉（棉・无花纹）= 直径4cm
布D〈装饰带〉（棉・格纹）= 35cm×4cm
线 = 合成纤维手缝线
黏合布带（两面型）
别针=1个

1 做花瓣。在布A反面下边贴上黏合布带。

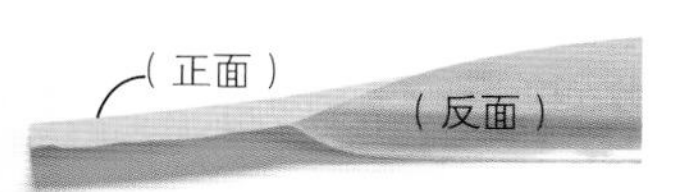

一点点地将纸揭开，将布对折，两端粘在一起。

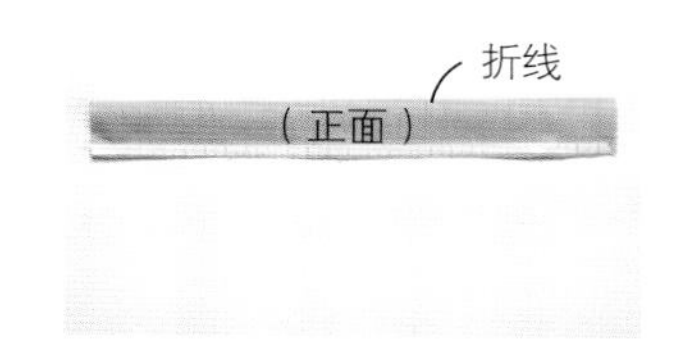

2 在布A正面下边贴上黏合布带。

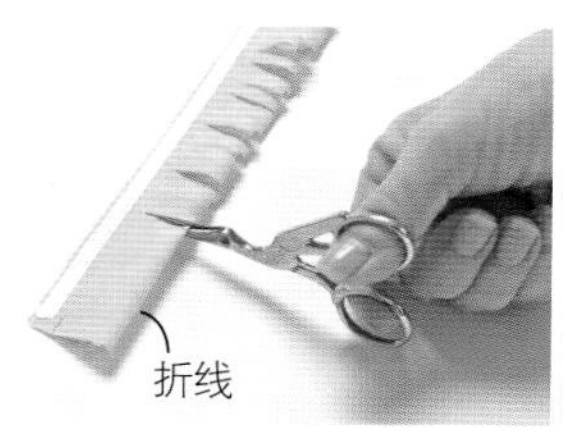

3 留下贴有黏合布带的部分，从折线的方向剪出0.3~0.4cm的牙口。

从布的一端到另一端全都剪出牙口。

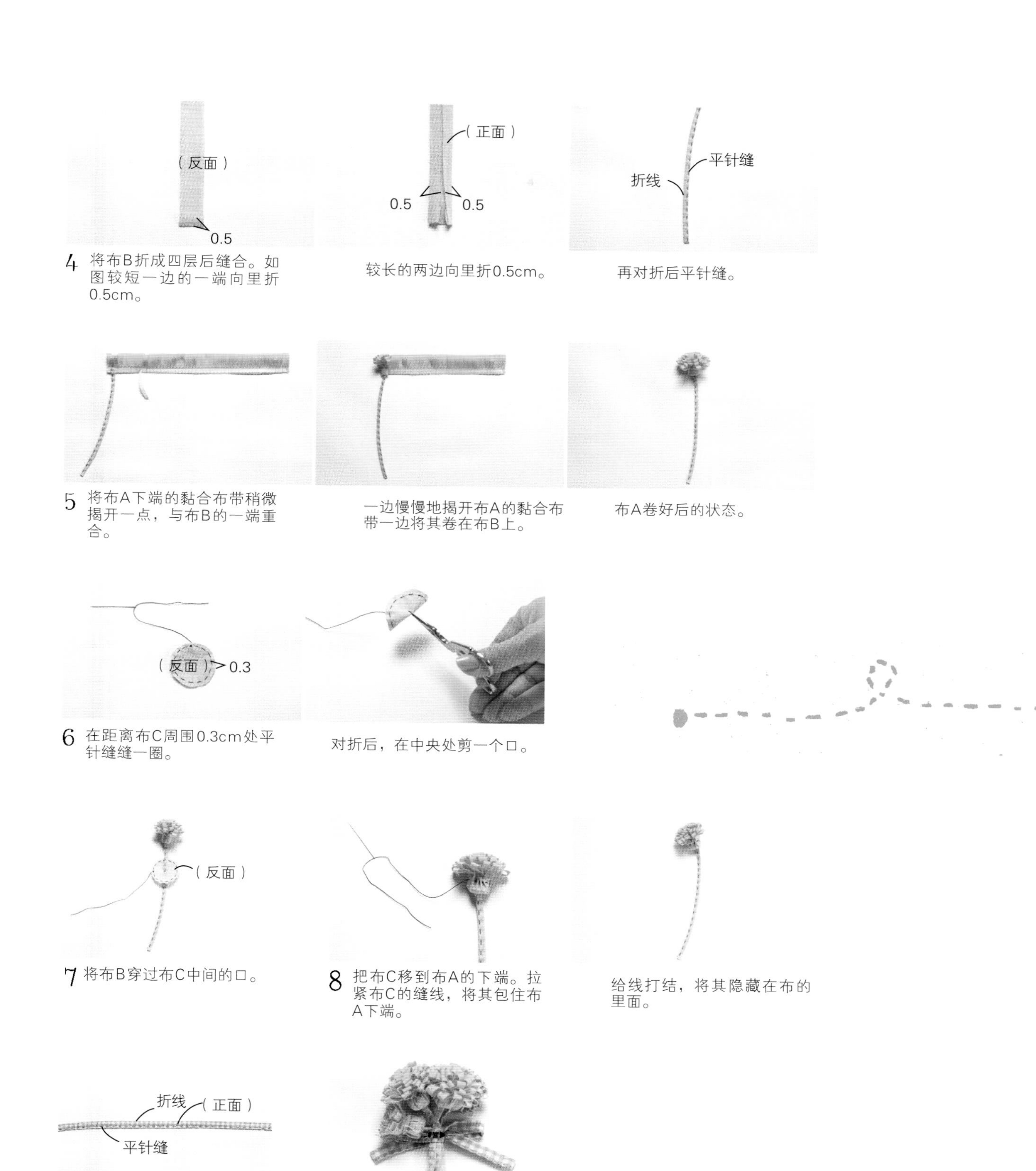

4 将布B折成四层后缝合。如图较短一边的一端向里折0.5cm。

较长的两边向里折0.5cm。

再对折后平针缝。

5 将布A下端的黏合布带稍微揭开一点，与布B的一端重合。

一边慢慢地揭开布A的黏合布带一边将其卷在布B上。

布A卷好后的状态。

6 在距离布C周围0.3cm处平针缝缝一圈。

对折后，在中央处剪一个口。

7 将布B穿过布C中间的口。

8 把布C移到布A的下端。拉紧布C的缝线，将其包住布A下端。

给线打结，将其隐藏在布的里面。

9 将布D短边的两端往里折0.5cm，长边折三次后平针缝。

10 按照步骤1~8再做4朵花，将这5朵花用布D捆在一起。把别针缝在布D的里侧。

Lesson* 2

穿着舒适的

成衣、童装

正因为每天都很平淡，所以才想穿舒适的漂亮衣服。
前、后身以及袖子的接缝处较少，
用简单的纸型就能做出来。
而且，柔软的布料服帖地包裹着身体，
使人感觉很轻松。

纸型的准备和使用方法

注：本书中未标注单位的数字，单位均为厘米（cm）。

从实物大纸型中选择适合自己或孩子的尺寸。
然后才是制作纸型，掌握裁剪的顺序。

尺寸表

为了找到适合自己的实物大纸型尺寸，需要先知道自己的尺寸。可以从贴身衣物开始测量服装制作时需要的尺寸。现有的合适尺寸的衣服也可以作为参考。

成人

	M	L
身高	156	160
胸围	84	92
腰围	68	74
臀围	92	96

儿童

身高	100	110	120
胸围	54	58	62
腰围	49	51	53
臀围	57	61	65

记号的意思

完成线

折线

布纹线

直角

褶的折叠方向

斜线中较高一边为山，
较低一边为谷

将纸型改成适合自己的尺寸

根据身高和胸围从尺寸表中选择适合自己的尺寸。

［尺寸为M和L之间］

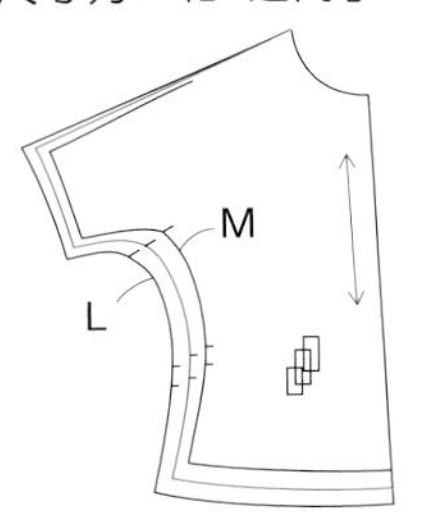

在M和L中间画线。

［身长为M宽度为L］

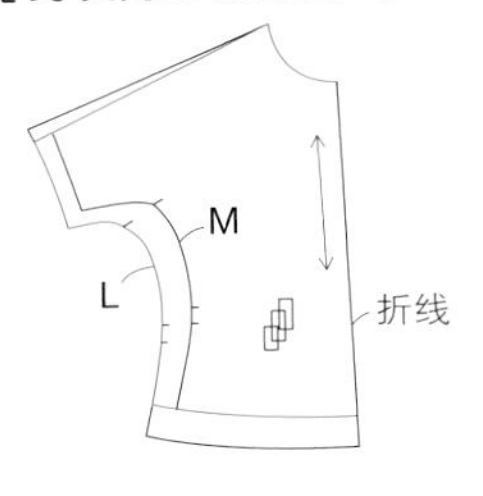

领子、肩线、下摆线选M，
袖长、袖宽、边线选L。

纸型的描法

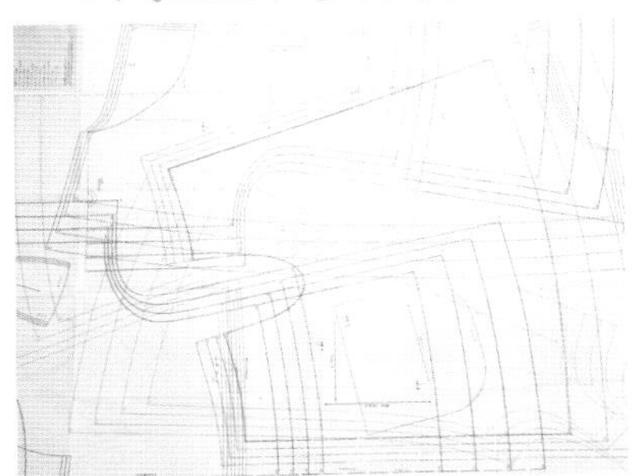

1 将实物大纸型从书中剪下来，用标记笔或彩色铅笔将想描的纸型描下来。

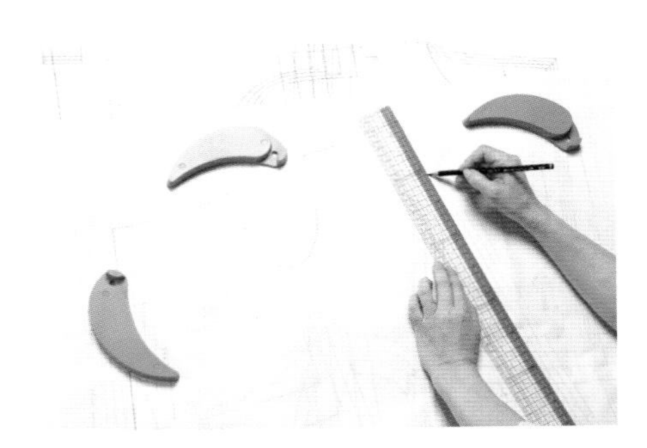

2 将半透明的透写纸与实物大纸型重合，为防止其移动请先用镇纸或胶带将其固定。用铅芯较软的铅笔将完成线、合印、开口止位、纽扣位置、布纹线等纸型内所有的记号都描下来。

3 检查有没有漏描或描错的地方，然后将透写纸和纸型分开，按照轮廓线剪。

标记和裁剪

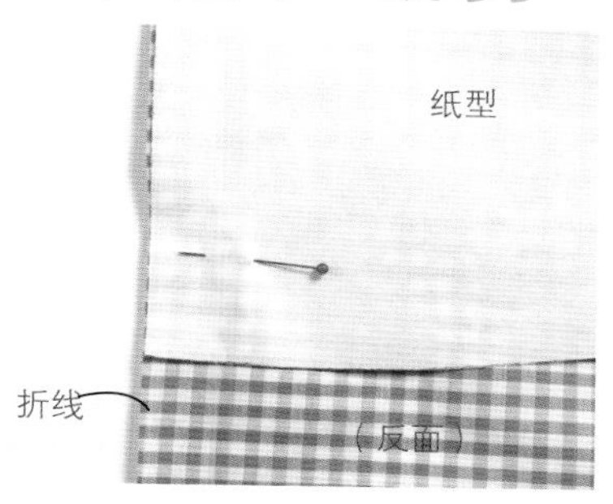

1 按照裁剪图放置布料和纸型。为防止纸型移动，用珠针将其固定住。

2 沿着纸型在成品线上标上记号。直线用尺子描，曲线就随手描。不要忘了纸型里的合印、开口止位等记号。

3 参照裁剪图中缝份的尺寸，将缝份线描在完成线附近。用尺子的话更容易画平行线。

4 按缝份线裁剪布料。剪几个细小部分的时候，先裁出大概形状，再裁出细小部分。

移开纸型。

point

曲线部位的重合方法

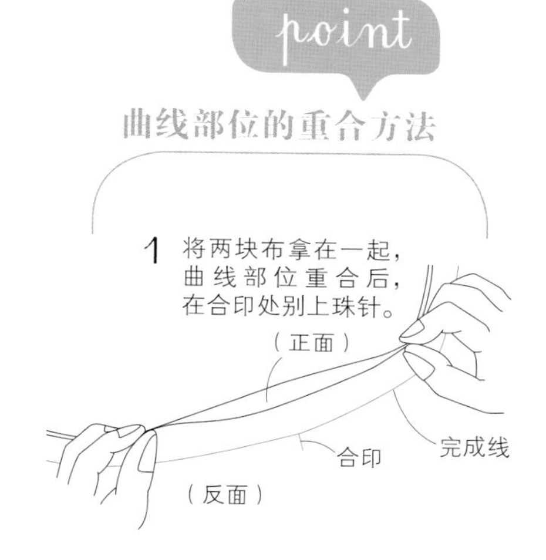

1 将两块布拿在一起，曲线部位重合后，在合印处别上珠针。

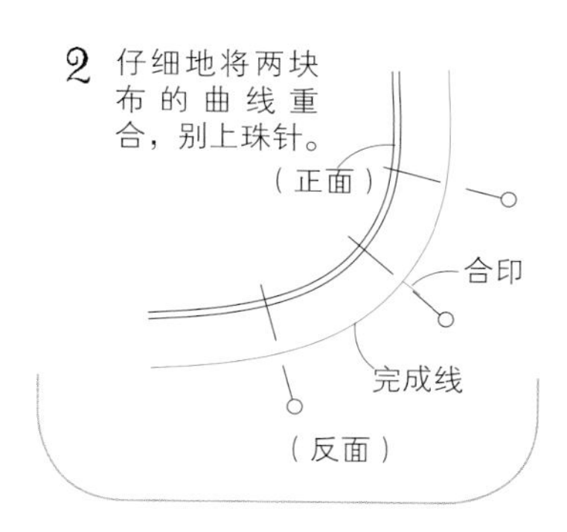

2 仔细地将两块布的曲线重合，别上珠针。

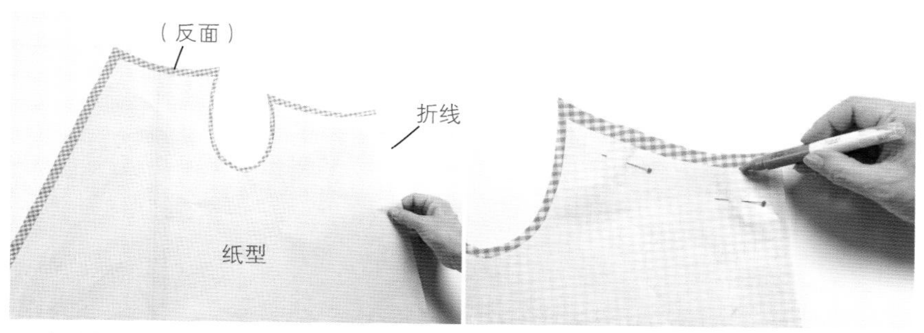

5 将布料正面相对后翻回另一侧，将纸型反转后，再按照步骤1那样放好纸型。

与步骤2、3一样，将完成线和纸型中必要的记号全都描下来。

为了使衣服更合身，在肩带和领子处穿了皮筋。增添了褶皱的效果和柔软感。

吊带衫和吊带裙

有着蓬松线条的轻便吊带衫和孩子的吊带裙组成亲子装，它们的颜色相搭配且花纹不同。都只需将后部中心处缝合，用一块布即可完成。所以制作非常简单。

制作方法

吊带裙 P.46　**吊带衫** P.50　**胸花** P.30

实物大纸型（成人）第2面【6】（儿童）第1面【3】

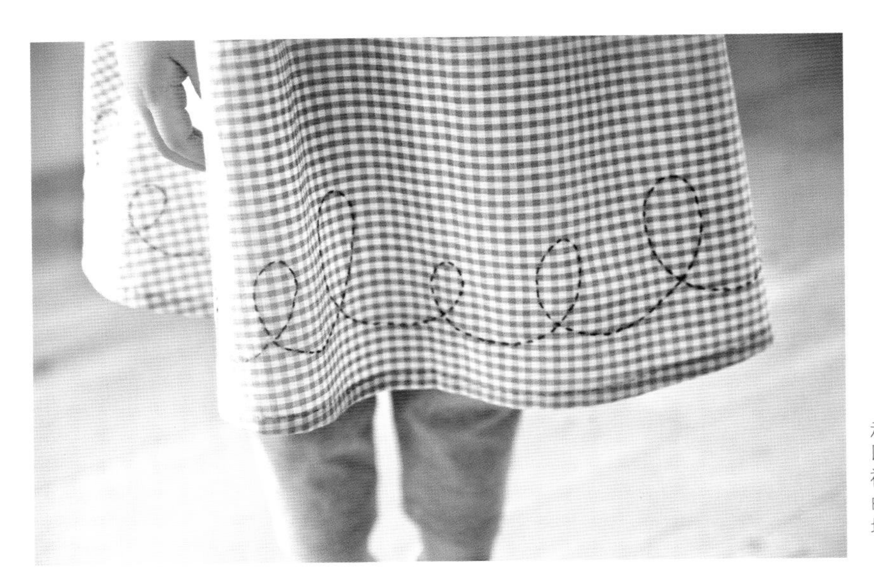

走动的时候裙摆可以轻轻地摇摆。在裙摆处绣上一圈圈的线条，给方格布增加了柔软感。

掌握了手缝基础和小饰物的制作方法后，试着做部件和接缝处较少的衣服。做成后会感到格外的喜悦。

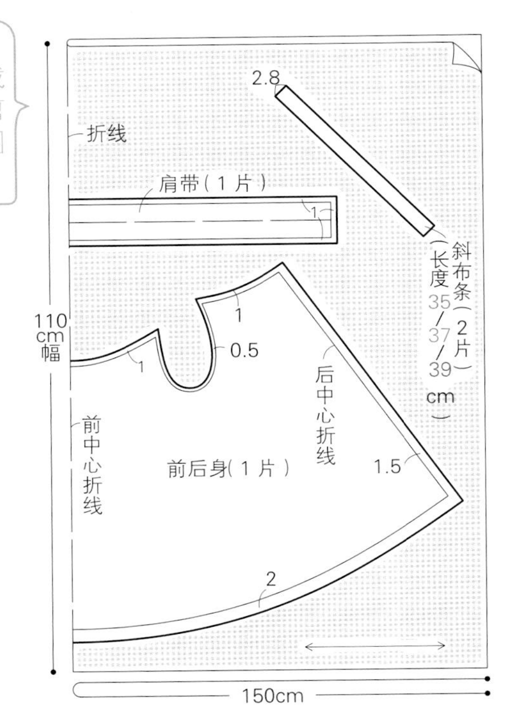

材料

※数字从左起100/110/120cm尺寸
- 表布（棉・格纹）= 宽110cm × 150cm
- 防拉伸布带 = 宽0.9cm × 110/115/120cm
- 松紧带 = 宽0.8cm × 65/70/75cm
- 线 = 合成纤维手缝线（紫色・no.245）
  手缝绣线〈MOCO〉（紫色・no.38）

柔软结实的扁松紧带

根据用途选择合适宽度的松紧带。童装最适合这种舒适型的。

将斜纹布卷在一起

前、后身需要和斜布条缝起来。为防止折好的边松开，将其卷在硬纸上。

1 在后部中心贴上防拉伸布带

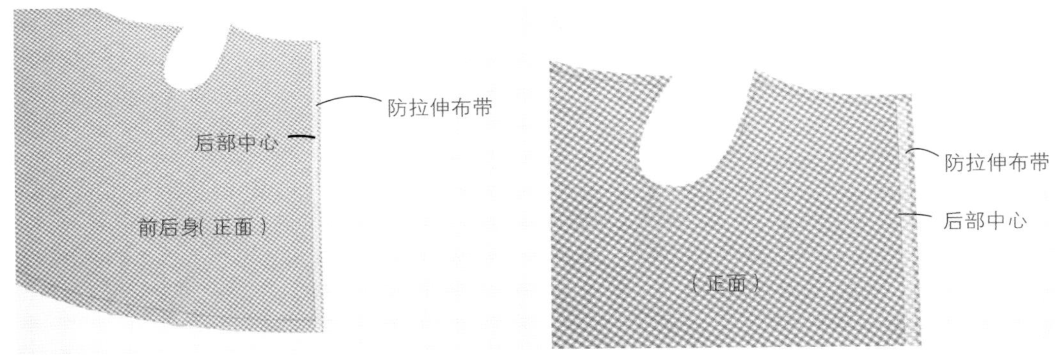

将前后身的正面朝上，给后部中心的缝份贴上防拉伸布带。

2 给袖窝滚边 ➡P.12

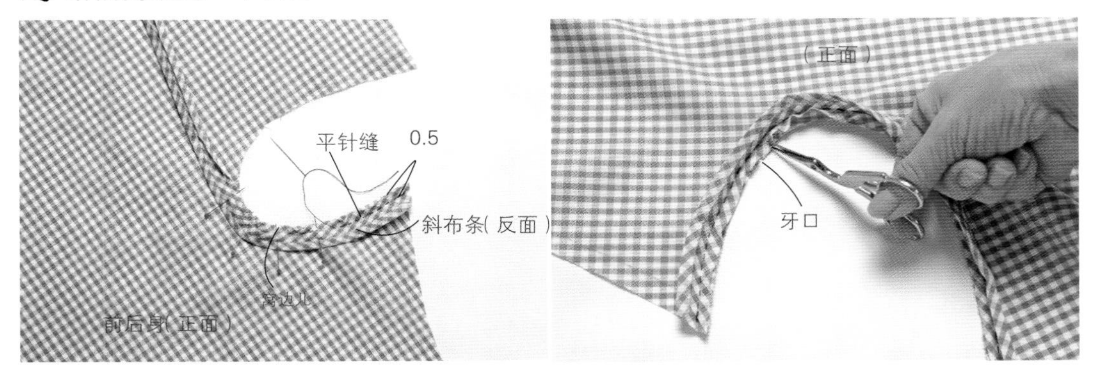

❶袖窝和斜布条正面相对，用珠针密密地固定住。再用平针缝缝合。

❷在曲线处的缝份处剪出0.3cm长的牙口。

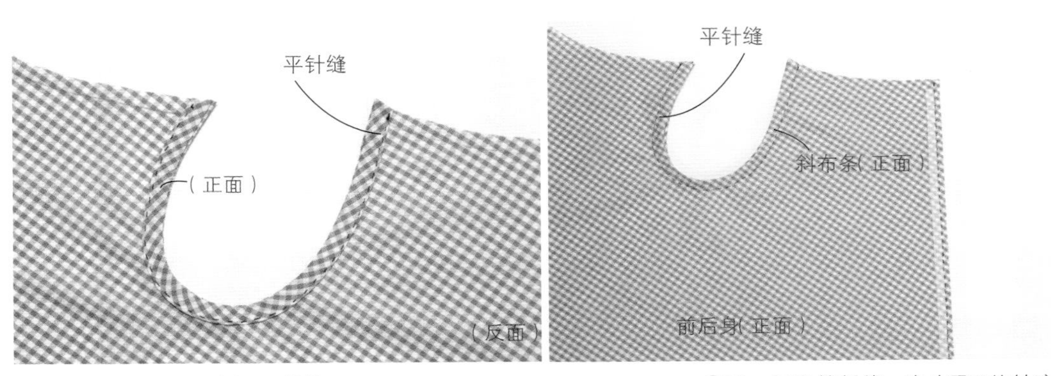

❸将斜布条翻回里侧后平针缝。

❹取一根手缝绣线，在步骤3的针迹上平针缝。

3 将后部中心包缝 ➡P.9

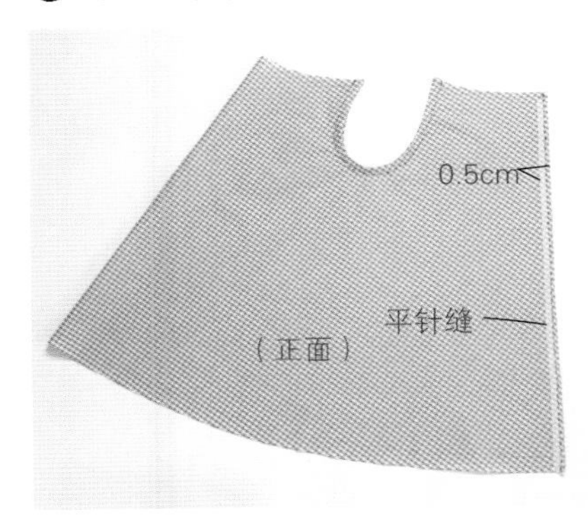

❶将前后身的后部中心反面相对，在距离布边0.5cm处平针缝。

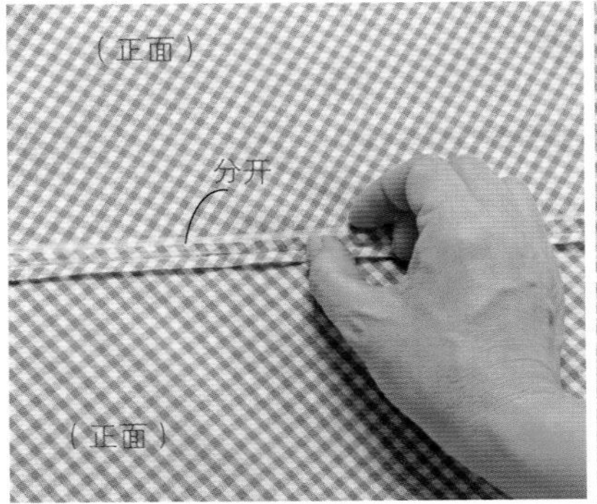

❷用指甲将缝份分开。

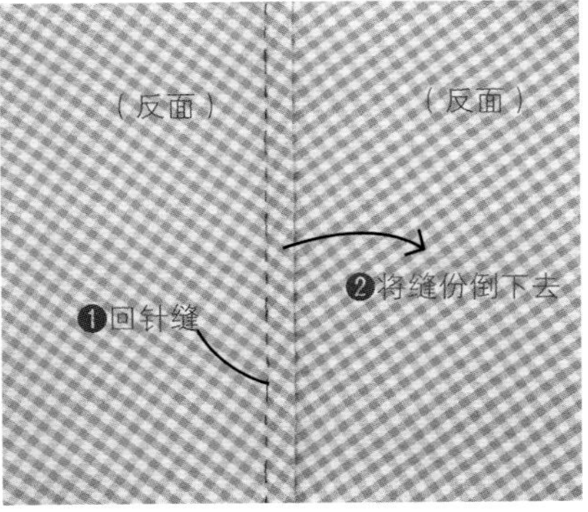

❸将后部中心正面相对后，并将成品线回针缝。将缝份倒向一侧。

4 缝肩带

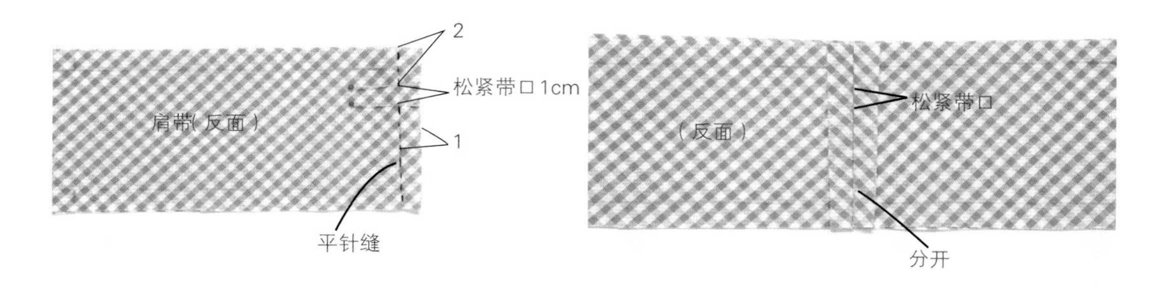

❶将肩带的后部中心正面相对后，在距离布边1cm处平针缝，留下1cm宽的松紧带口。

❷用指甲将缝份分开。

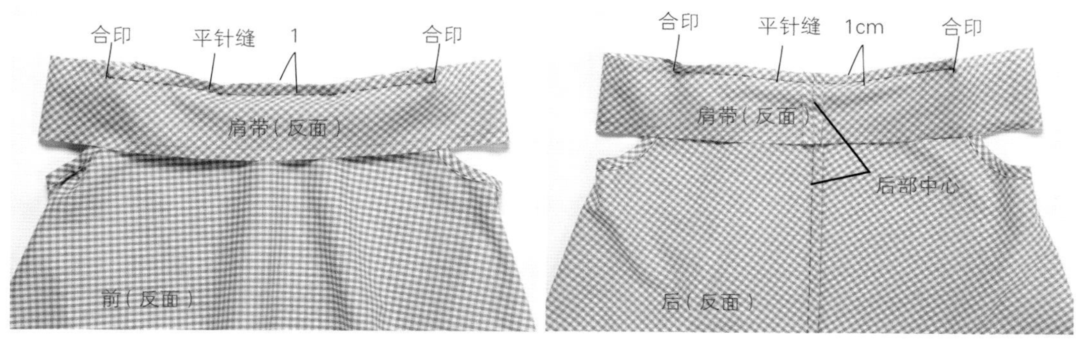

❸一边将合印重叠，一边将前领窝的里布和肩带的表布重合。在距离布边1cm处平针缝。

❹和步骤❸一样，一边将合印和后部重合一边将后领窝和肩带重合。

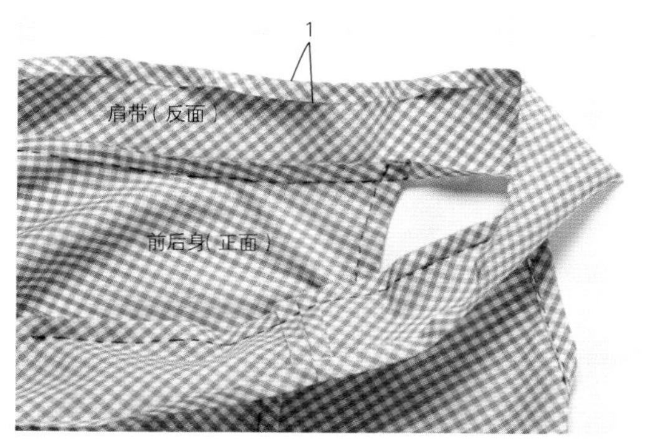

❺将肩带立起后，把缝份倒向肩带那一侧。把肩带的布边往里折1cm。

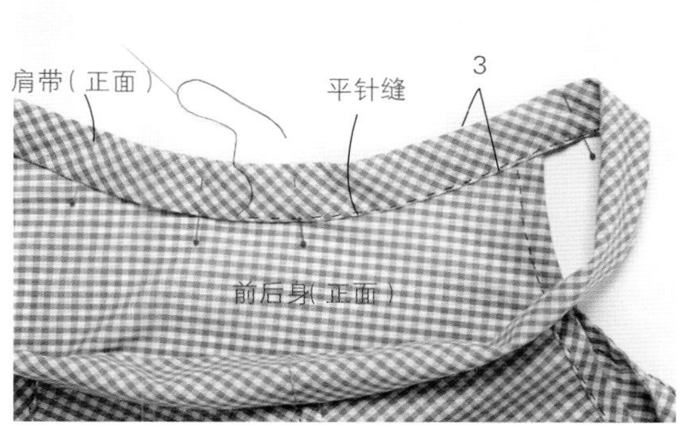

❻将肩带折3cm后别上珠针。然后，从表布开始平针缝。

5 将下摆折两次后平针缝 ➡P.20

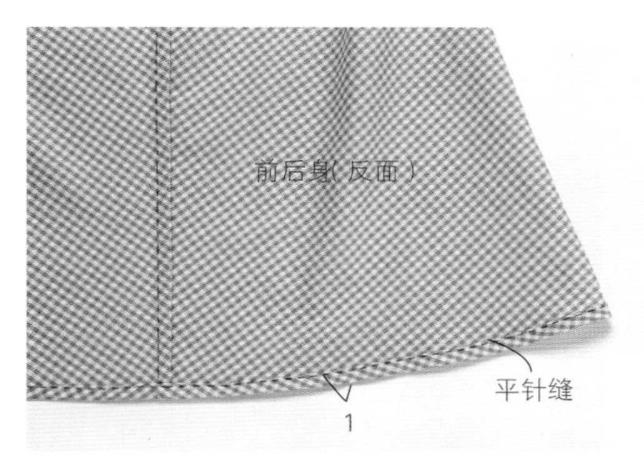

将下摆折1cm折两次后平针缝。

6 肩带平针缝

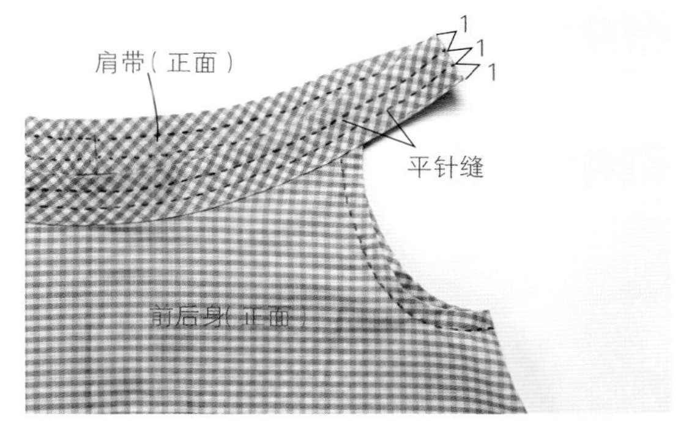

取一根手缝绣线，缝上两条平针缝针迹。

7 穿松紧带

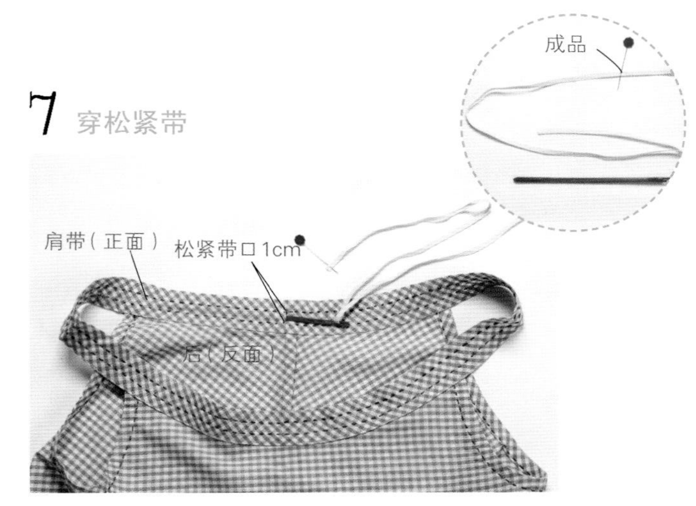

将松紧带（65/70/75cm）穿上。

8 下摆平针缝

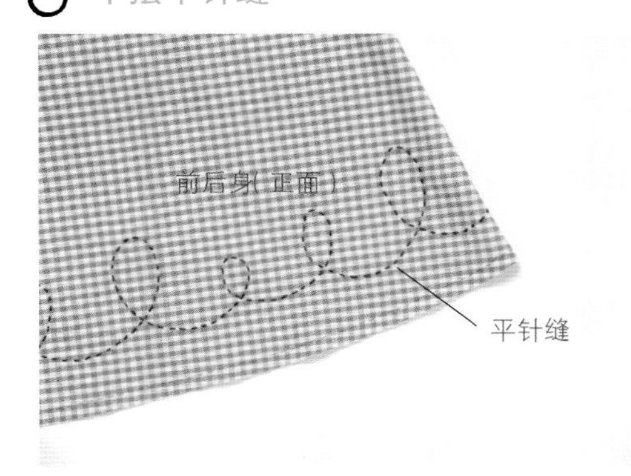

取一根手缝绣线，在下摆处平针缝。

吊带衫

实物大纸型第2面【6】

材料 ※数字从左起M/L尺寸

- 表布（棉·印花）= 宽110cm×80／85cm
- 防拉伸布带 = 宽0.9cm×95cm
- 松紧带 = 宽0.8cm×80cm
- 线 = 合成纤维手缝线（紫色·no.322）

〈裁剪图〉 ※数字从上起M/L尺寸

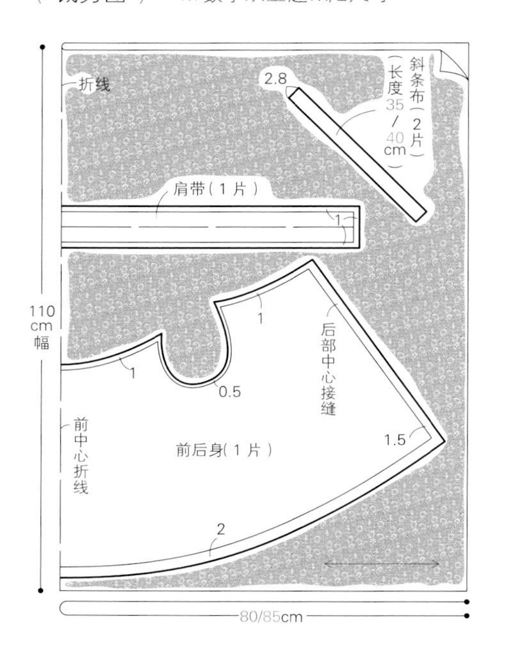

1. 在后部中心贴上防拉伸布带

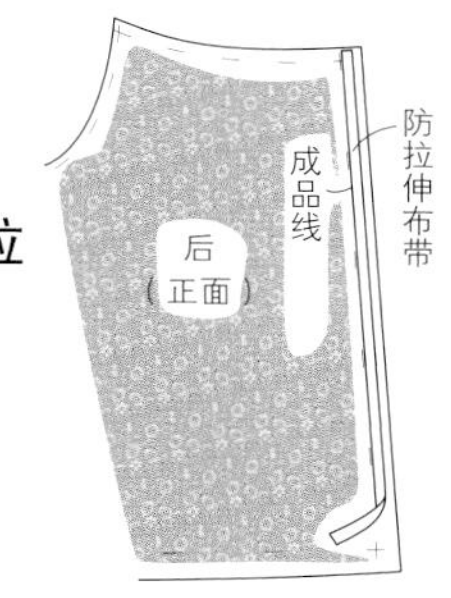

2. 给袖窝滚边 ➡P.12

制作斜布条 ➡P.11

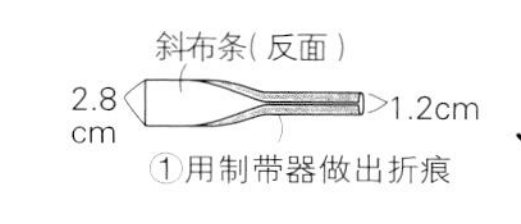

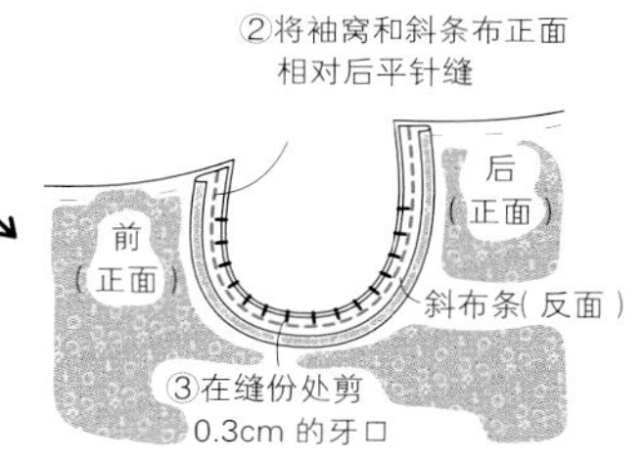

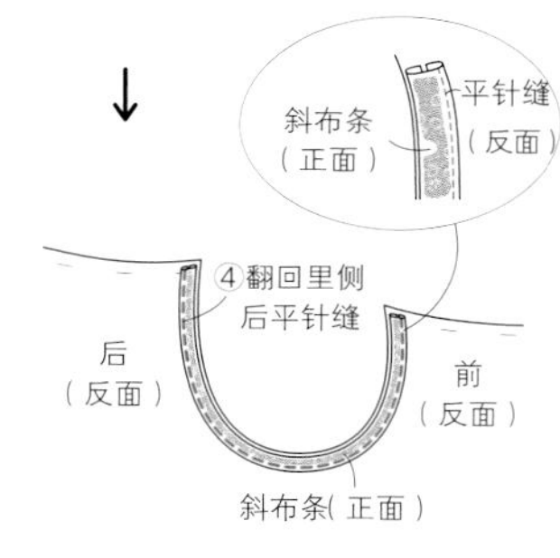

3. 将后部中心包缝 ➡P.9

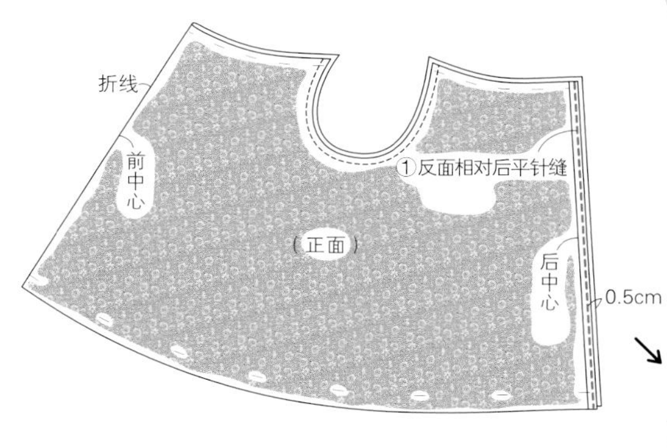

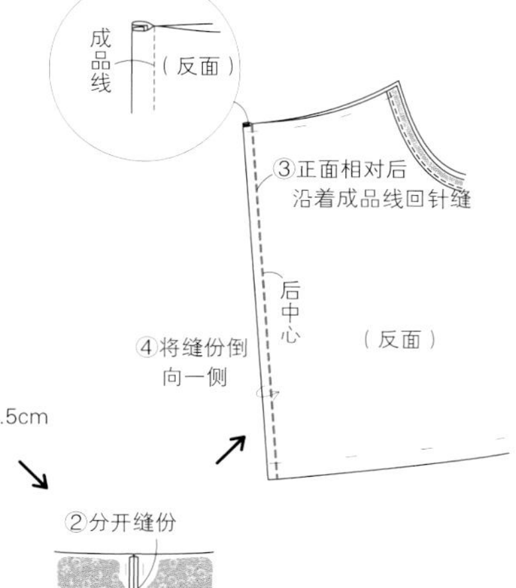

4. 缝上肩带

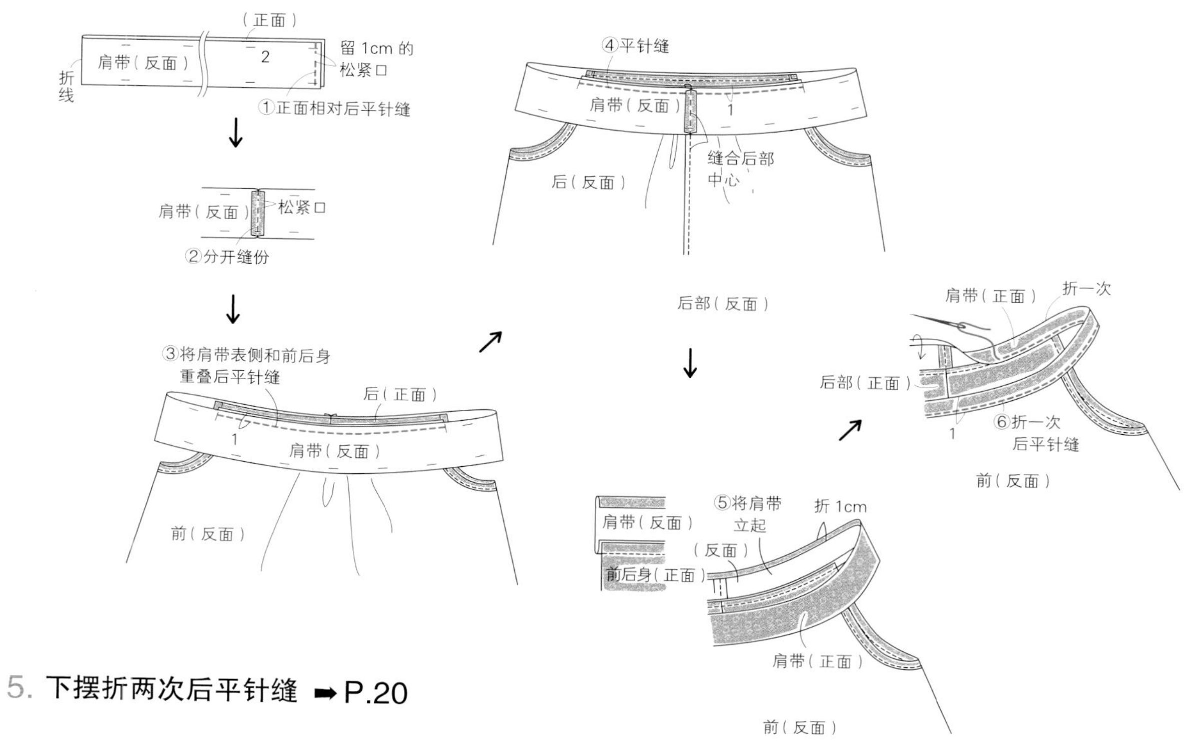

5. 下摆折两次后平针缝 ➡P.20

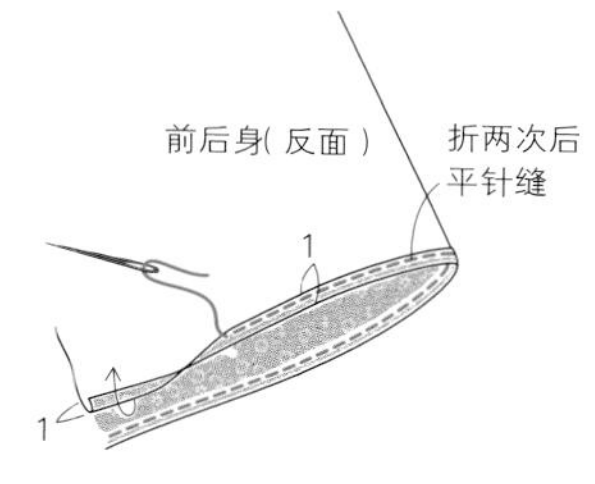

6. 肩带平针缝

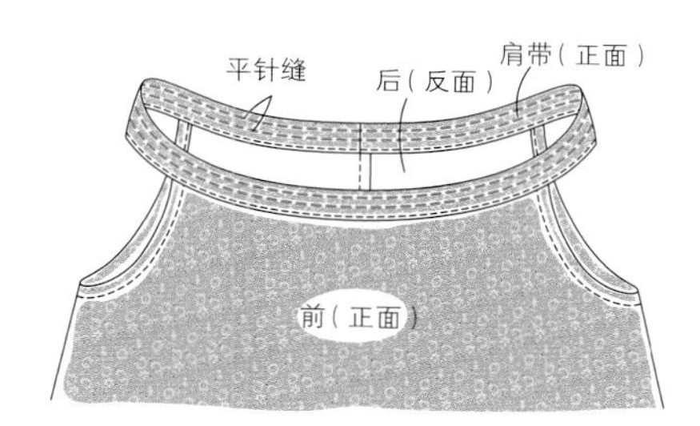

7. 穿松紧带 ➡P.20

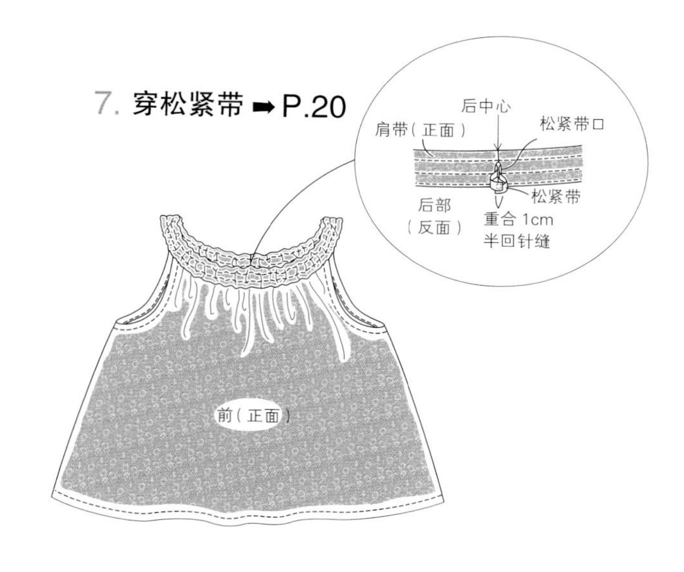

在胸前折上褶皱，
使用颜色较亮丽的
线。多彩的印花增
加淡然的情调。

成人束腰上衣的两侧缝上相同布料做的带子。轻轻地
打个结，让宽松的线条收放自如，穿起来心情舒畅。

束腰衣

不需要肩部接缝的一片式裁剪，
款式很简单的束腰衣，前后身的
中心处折上褶皱的套衫款式。为
了让孩子容易穿脱，领口后部开
有开口。

制作方法 P.60

实物大纸型（成人）第4面【14】（儿童）第3面【10】

V领罩衫

凉爽的棉蕾丝罩衫加上漂亮的V领，显示出优雅的气质。两侧的开衩和七分袖的设计，让穿时更显轻便。

制作方法 P.69
实物大纸型第2面【7】

连衣裙

无袖缝的简洁设计。用立体裁剪的纸型，将身体的丰腴和美丽线条均衡地表现出来。领口的设计将脖子漂亮地展现出来。

制作方法 P.72

实物大纸型第1面【4】

T恤
松紧腰裤

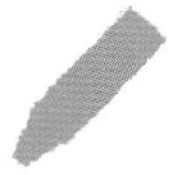

可以用相同纸型制作的男孩和女孩的日常服饰。男孩重点运用贴布和刺绣，女孩主要是用花纹或蕾丝的褶皱，穿起来很可爱。

制作方法

T恤 P.64　**松紧腰裤** P.67

T恤 实物大纸型第3面【11】 松紧腰裤 实物大纸型第4面【15】

T恤的后开口缝上可爱的纽扣。女孩裤子的臀部口袋用花布缝制。

裤子的腰部是容易穿、脱的松紧带款式。女孩款则在裤腿处穿上松紧带，制成皱褶，更显女性化。

成人款在松紧腰折上褶皱更显简练。
也可以用相同布料做发圈，享受搭配的乐趣。

百褶裙

仅用横着裁剪的一块布就能做成的百褶裙。成人款可以在裙边处使用镶边花纹。蓬松的线条及松紧腰，带给人轻松的感觉。

制作方法

百褶裙 P.74
发箍 P.34
发圈 P.35

在儿童款的下摆处缝上两条波浪形布带更显可爱。缓缓的波浪增加了只有手工才能制作出的时尚感。

束腰衣

实物大纸型（成人）第4面【14】（儿童）第3面【10】

材料

成人　※通用于M/L尺寸
- 表布（棉·印花）＝宽110cm×210cm
- 线＝合成纤维手缝线（蓝色·no.75）
  手缝绣线〈MOCO〉（蓝色·no.74）

儿童　※左起尺寸100/110/120cm
- 表布（棉·印花）＝宽110cm×150／160／170 cm
- 纽扣＝直径1.2cm1颗
- 线＝合成纤维手缝线（粉色·no.242）
  手缝绣线〈MOCO〉（粉色·no.247）

〈裁剪图〉

成人　※数字通用于M/L尺寸
儿童　※数字从上起100/110/120cm尺寸

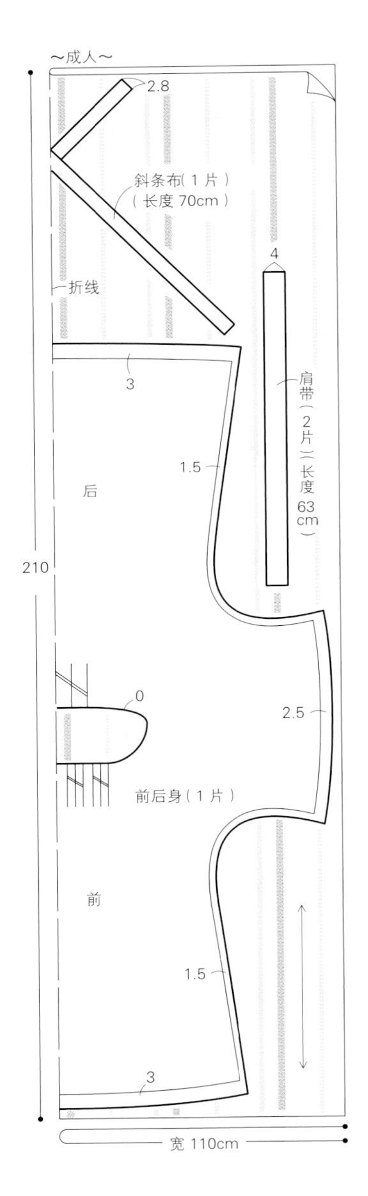

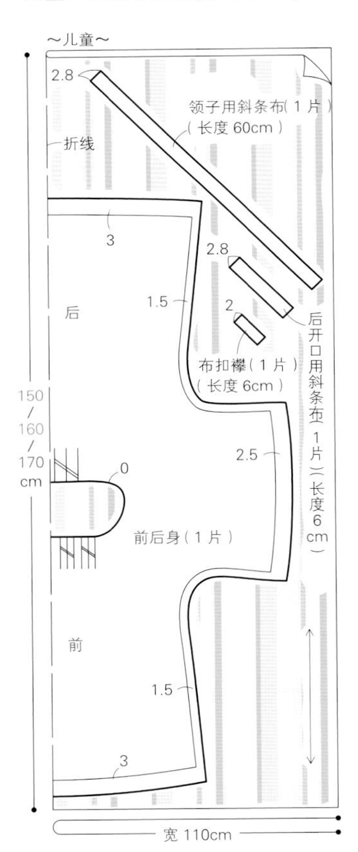

1. 折缝后缝制

※儿童款要先在后部开口，然后再折缝。

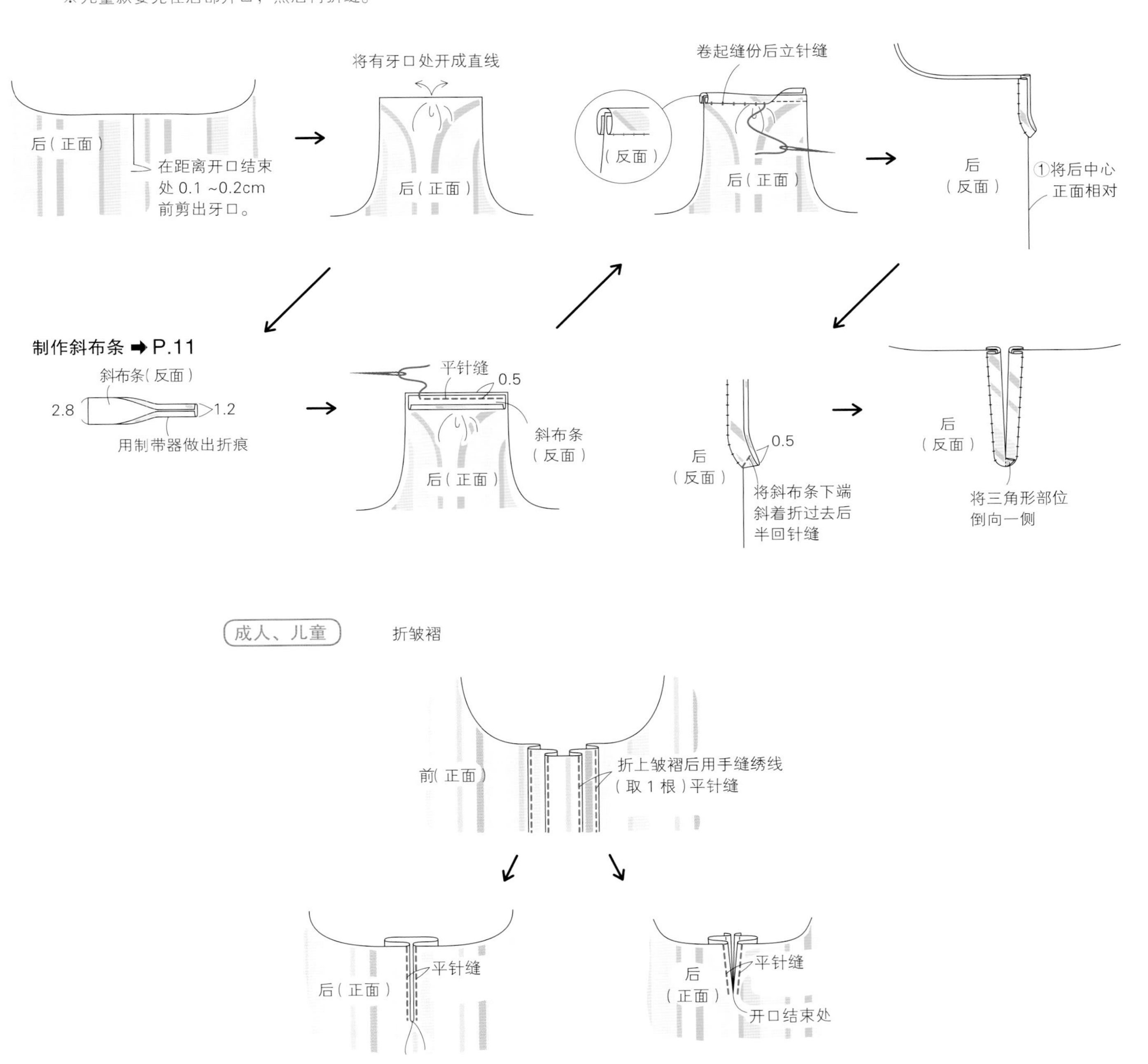

2. 用斜布条将领窝滚边 ➡P.12

制作斜布条 ➡P.11

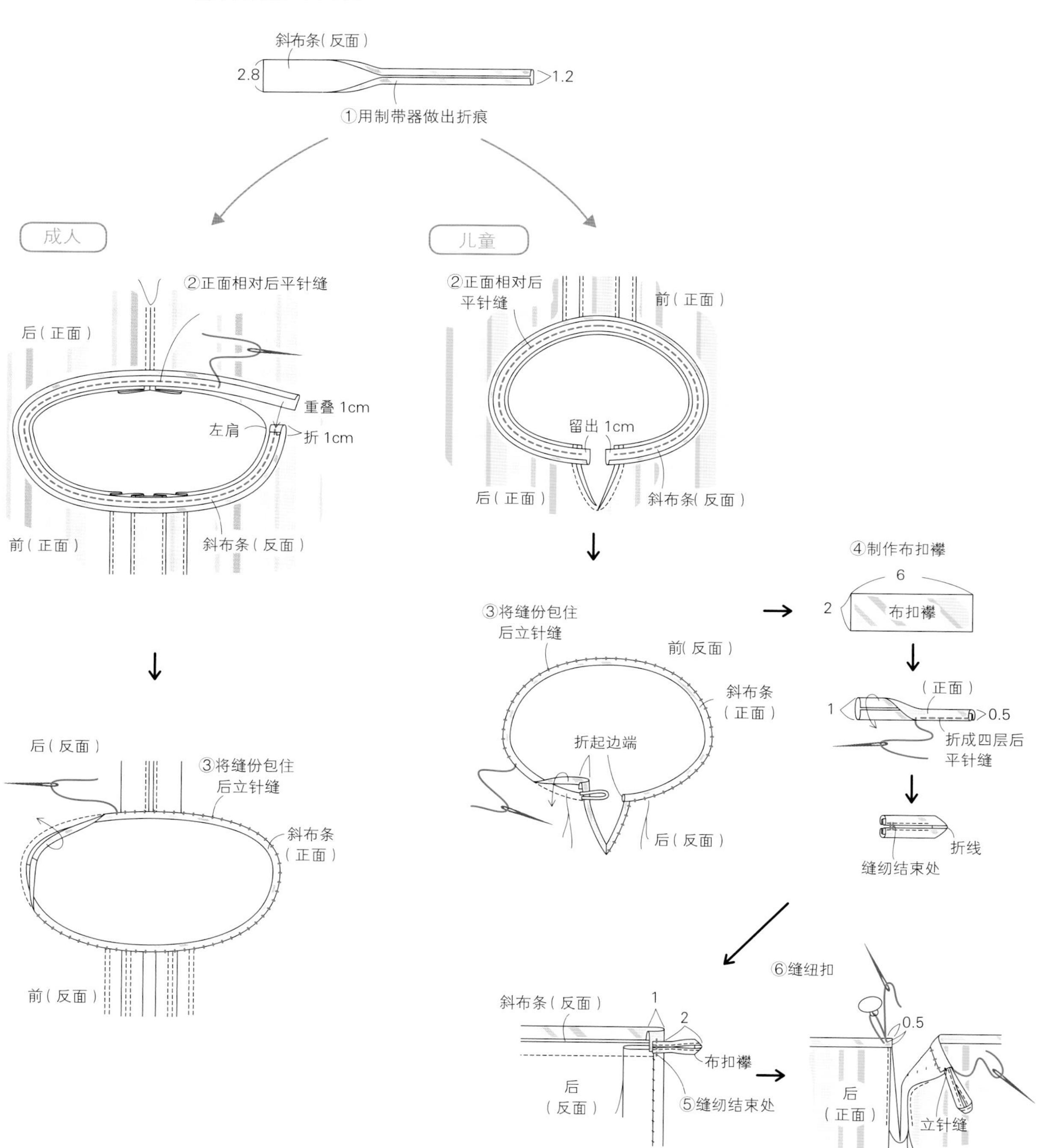

3. 将两侧包缝➡P.9 ※成人款缝上带子

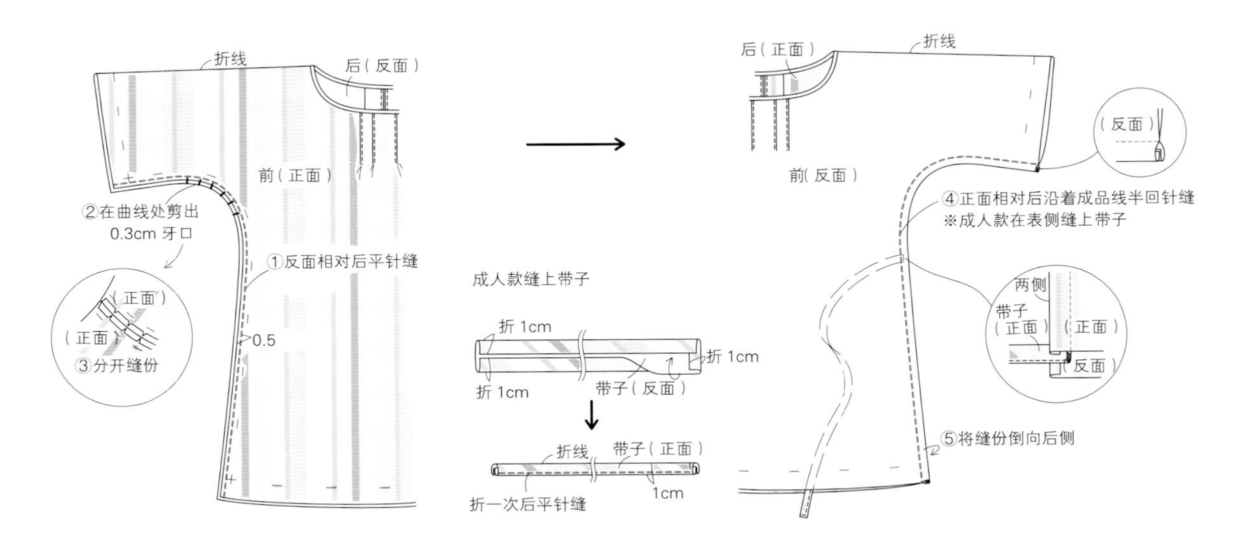

4. 将袖口、下摆折两次后平针缝➡P.20

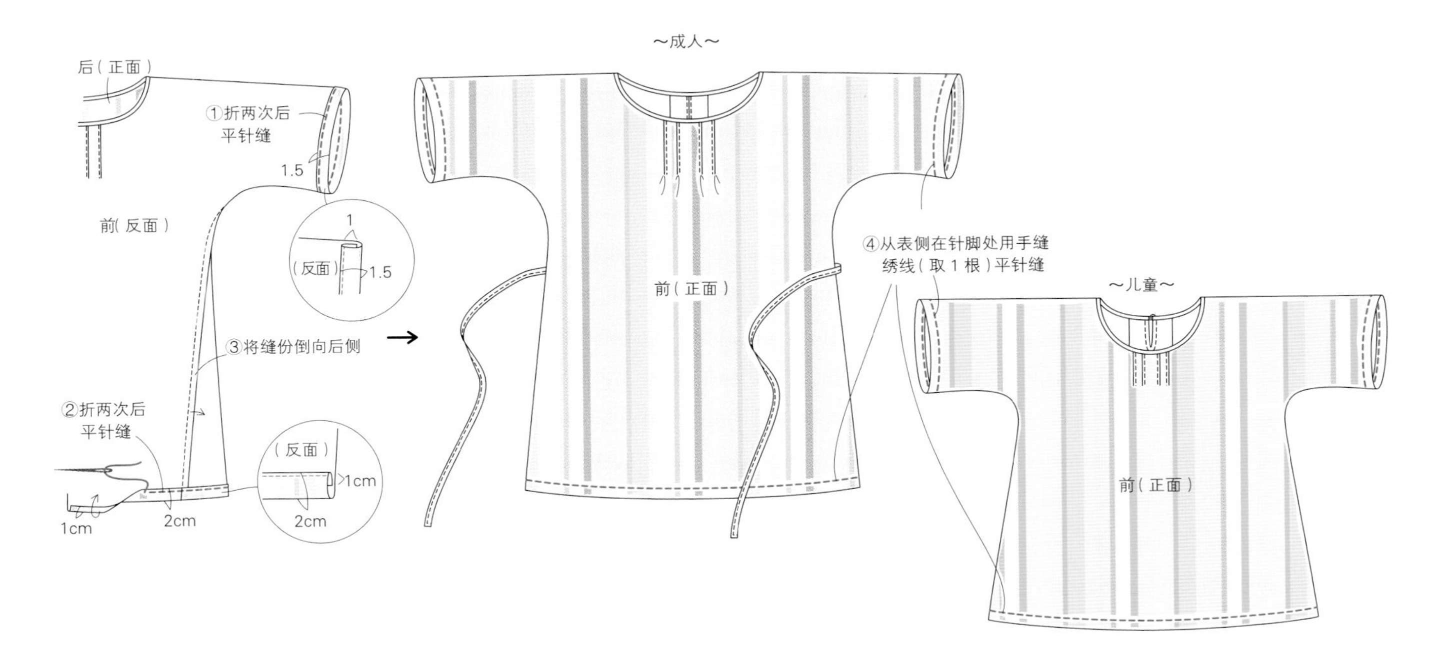

制作方法

T恤

实物大纸型第3面【11】

材料 ※数字从左起100/110/120cm尺寸

男孩
- 表布（棉·镶边花纹）= 宽110cm × 90 / 100 / 110cm
- 刺绣徽章 = 1个
- 纽扣 = 直径1.3cm1颗
- 线 = 合成纤维手缝线（白色/蓝色·no.92）

女孩
- 表布（棉·花纹）= 宽110cm × 90 / 100 / 110cm
- 蕾丝 = 宽1.2cm × 60 / 65 / 70cm 、宽2.3cm × 80 / 85 / 90cm
- 纽扣 = 直径1.3 cm 1颗

  线 = 合成纤维手缝线（粉色·no.219/本色·no.103）

〈 **裁剪图** 〉 ※数字从上起100/110/120尺寸
※后开口斜布条、布扣襻缝在女孩款上

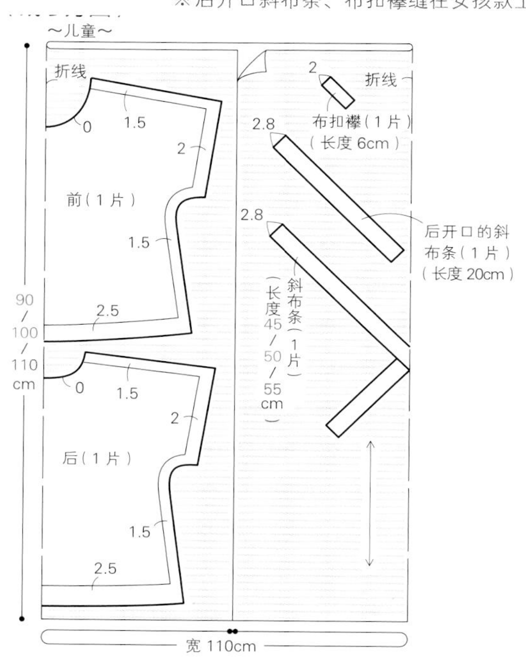

1. 制作后开口 ➡ P.17

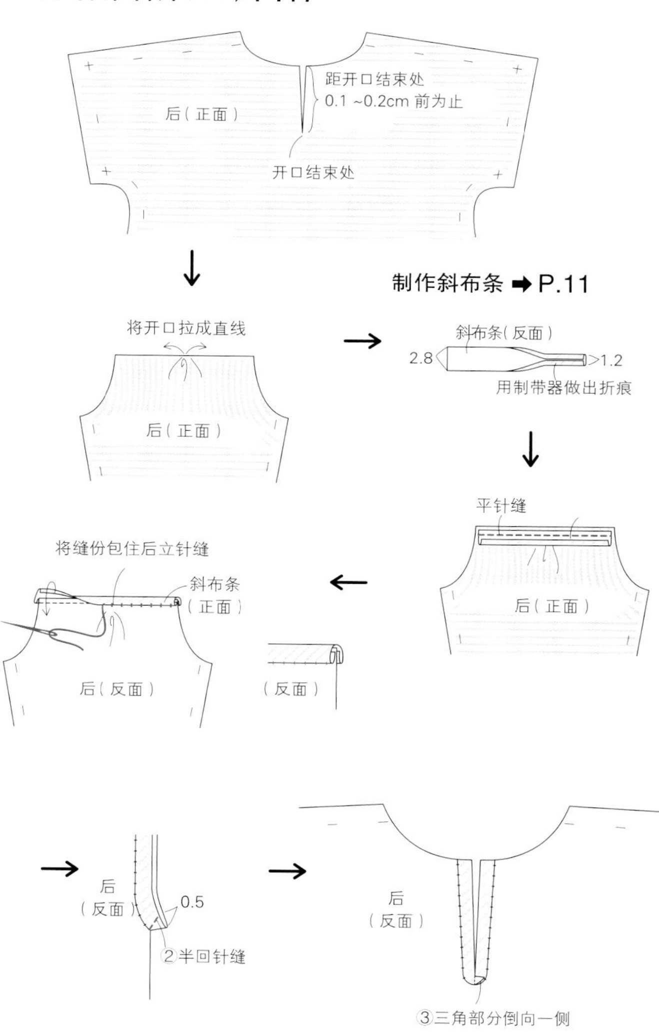

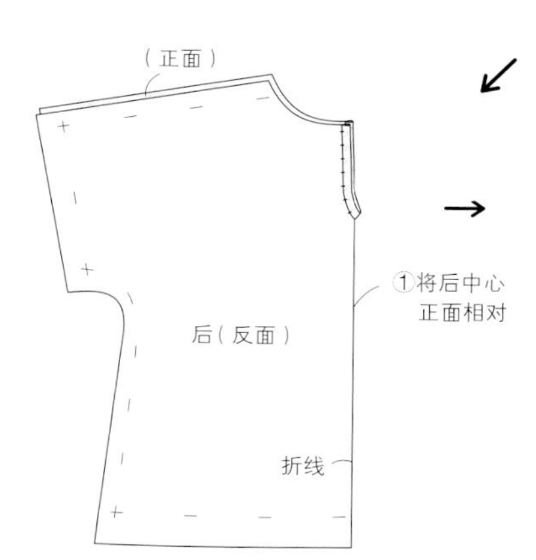

2. 将肩部包缝 ➡ P.9

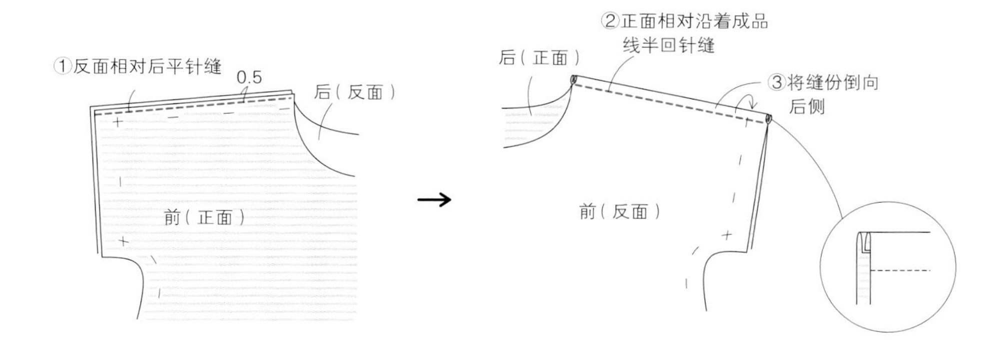

3. 缝领窝 ➡ P.15

制作斜布条 ➡ P.11

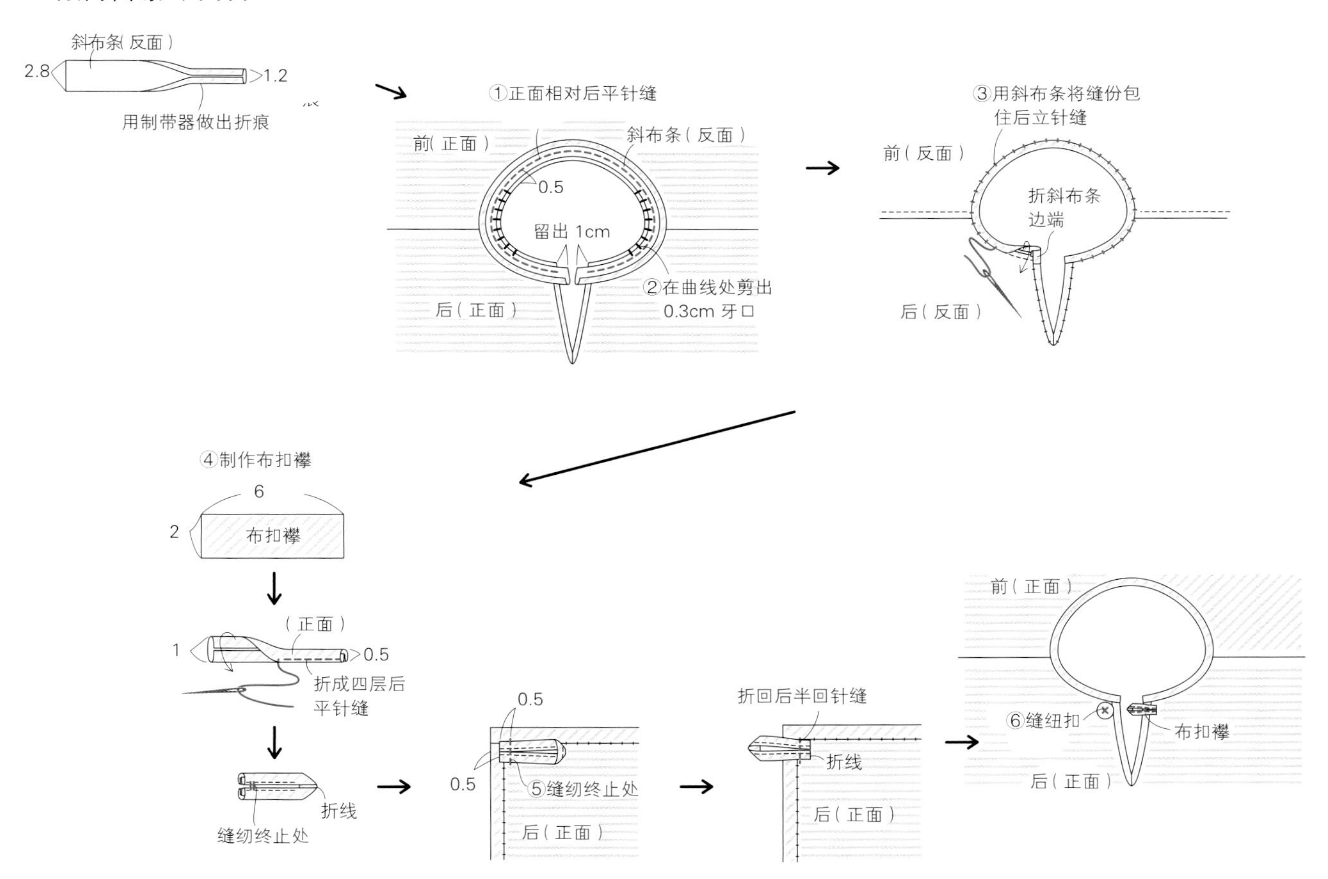

4. 将两侧包缝 ➡ P.9

后（反面）
前（正面）
①反面相对后平针缝
②在曲线处剪出0.3cm 牙口
0.5
后（正面）
前（反面）
③正面相对沿着成品线半回针缝
④将缝份倒向后侧

5. 将袖口、下摆折两次后平针缝 ➡ P.20

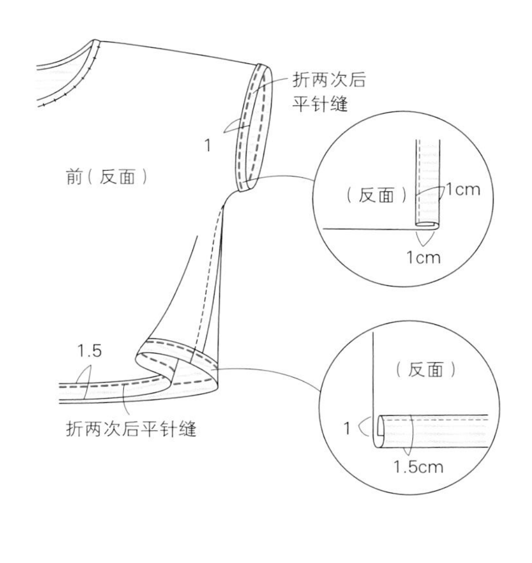

6. 男孩款缝上徽章、女孩款缝上蕾丝

前（正面）
蕾丝
折 1cm
折 1cm
后（正面）
斜条布（正面）
前后身（正面）蕾丝

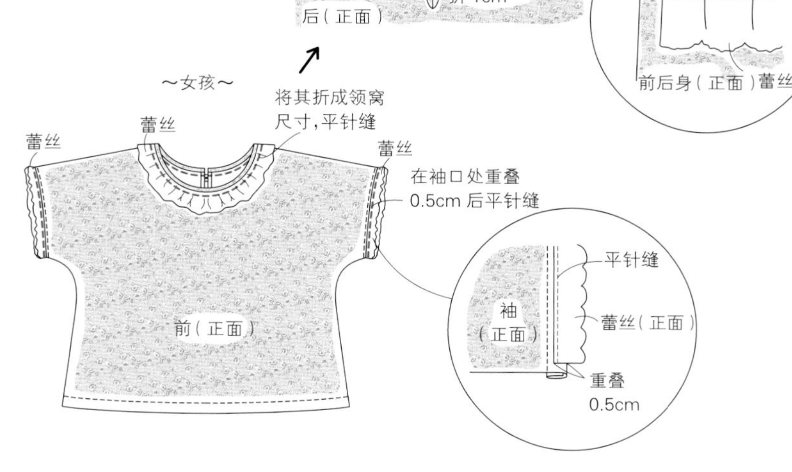

制作方法

P.56

松紧腰裤

实物大纸型第4面【15】

材料 ※数字从左起100/110/120cm尺寸

男孩
- 表布（棉·无纹）= 宽110cm×65／70／75cm
- 松紧带 = 宽1.5cm×44／46／48cm
- 线 = 合成纤维手缝线（蓝色·no.89）

女孩
- 表布（棉·无纹）= 宽110cm×50／60／65cm
- 口袋布（棉·花纹）= 25cm×15cm／25cm×15cm／30cm×20cm
- 松紧带（腰部用）= 宽1.5 cm×44／46／48cm
- 松紧带（裤边用）= 宽0.5cm×44／46／48cm
- 线 = 合成纤维手缝线（本色·no.103、红色·no.19）

〈裁剪图〉 ※数字上起尺寸100/110/120cm

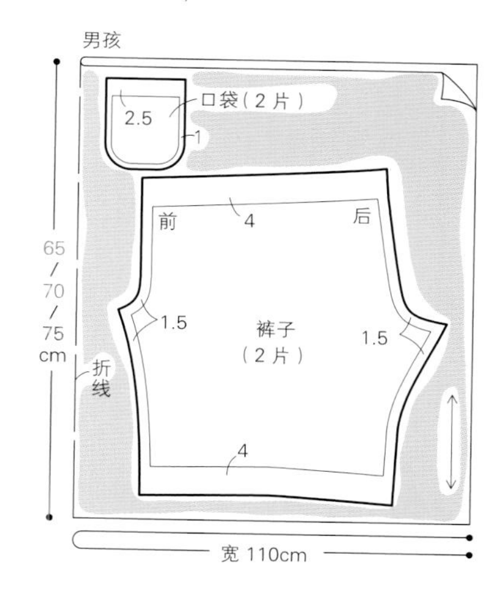

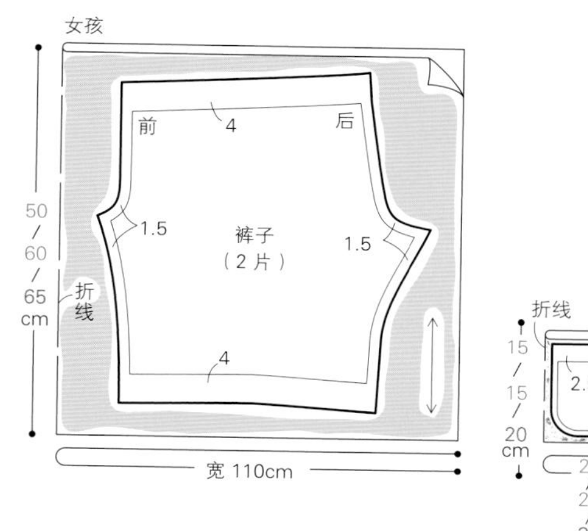

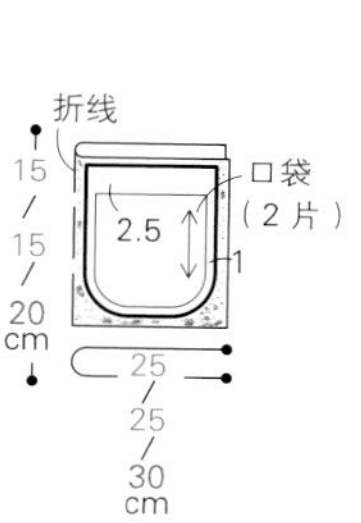

1. 制作口袋并接缝上

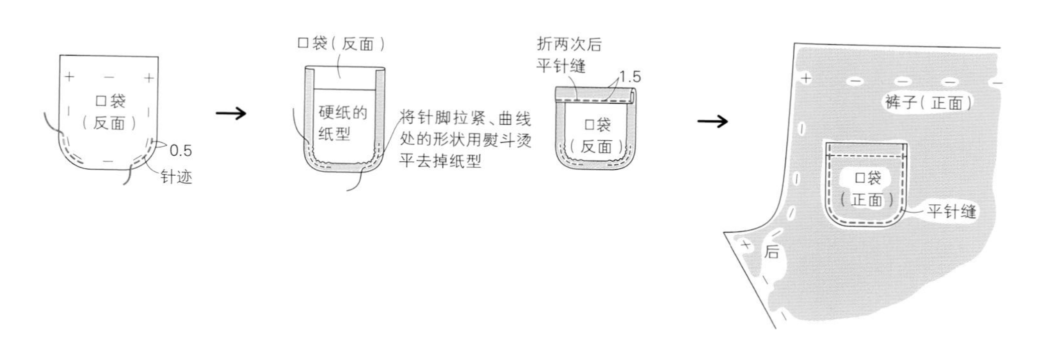

2. 将立裆外包缝➡P.9

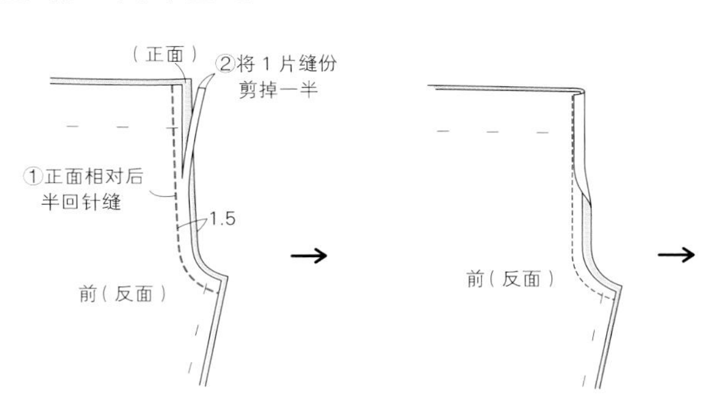

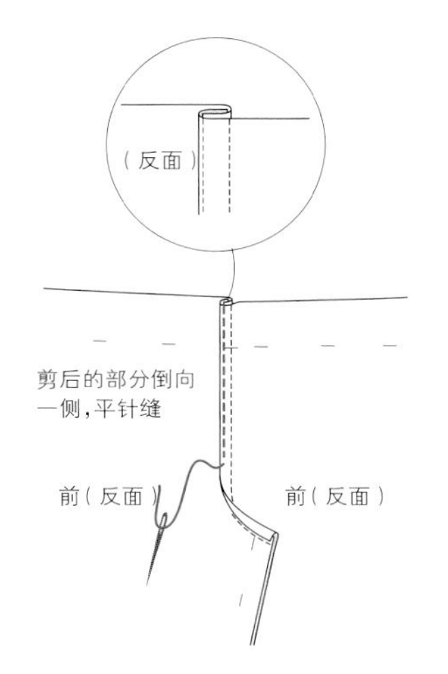

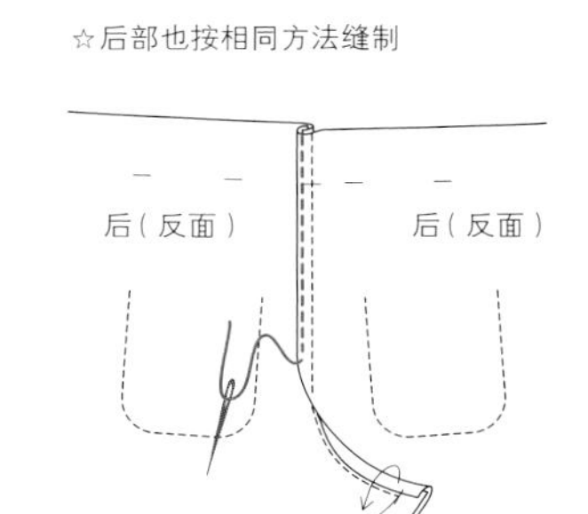

3. 将下裆外包缝➡P.9

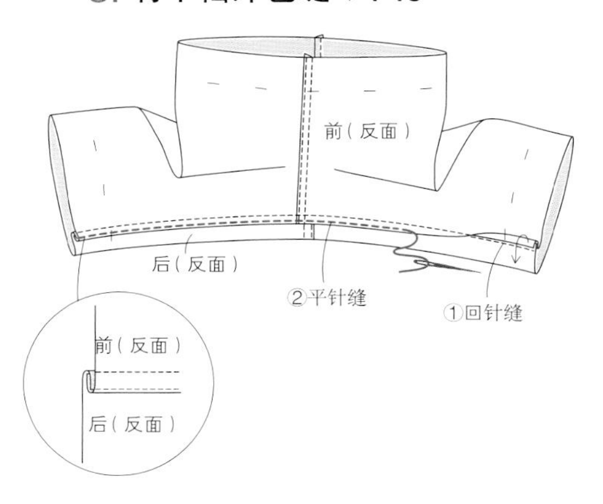

4. 缝腰部

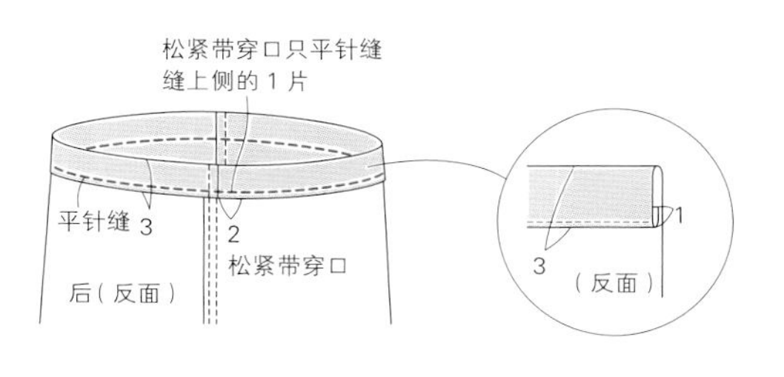

5. 缝裤口➡P.20

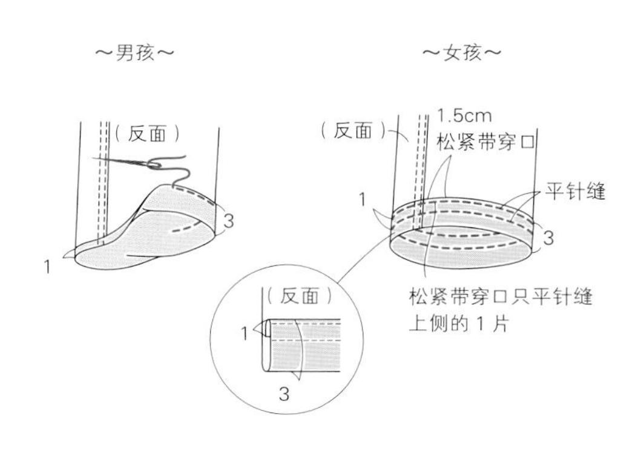

6. 穿松紧带 ➡P.20

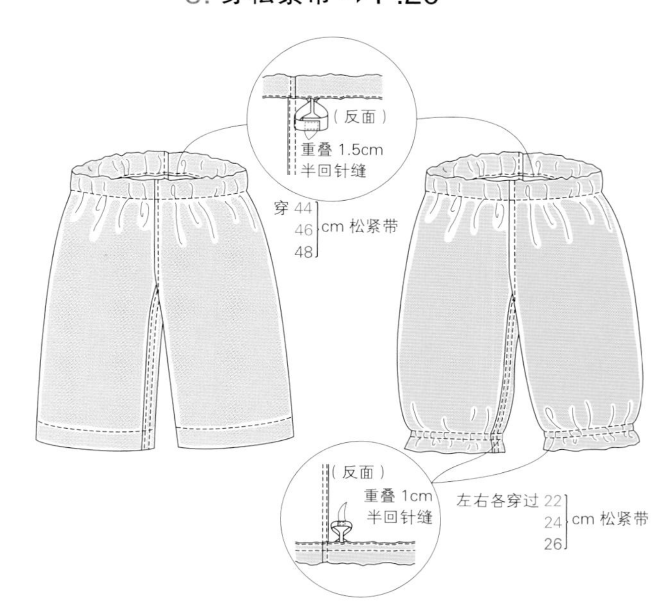

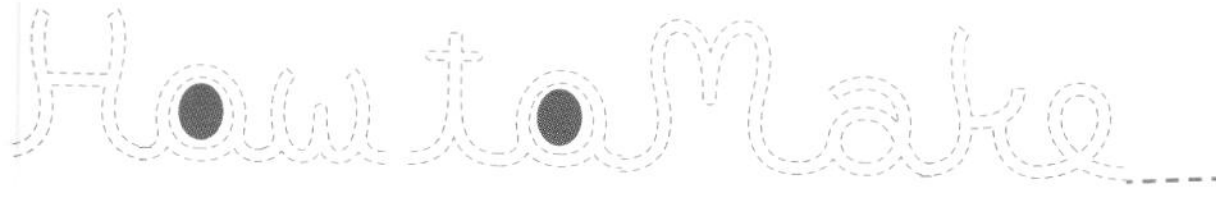

制作方法

V领罩衫

实物大纸型第2面【7】

材料 ※通用于M/L尺寸

- 表布（棉蕾丝）=宽110cm×150cm
- 线=合成纤维手缝线（白色）

〈 **裁剪图** 〉 ※数字从左起M/L尺寸

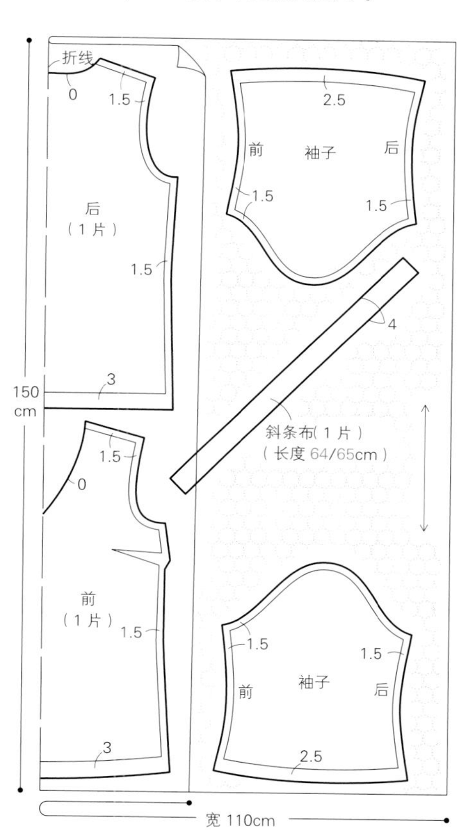

1.缝胸省➡P.13

➡P.13

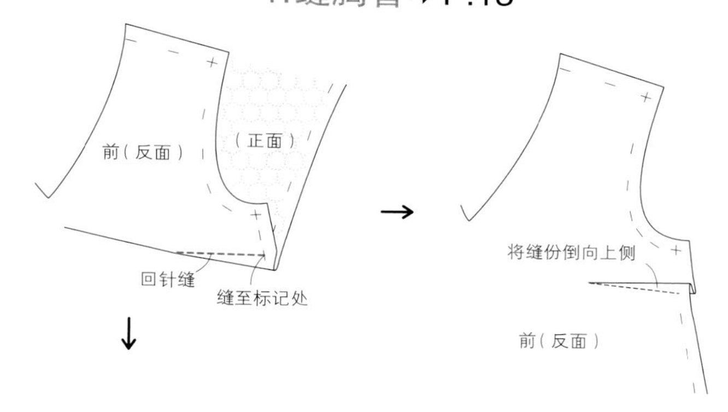

2. 包缝肩部➡P.9

➡P.9

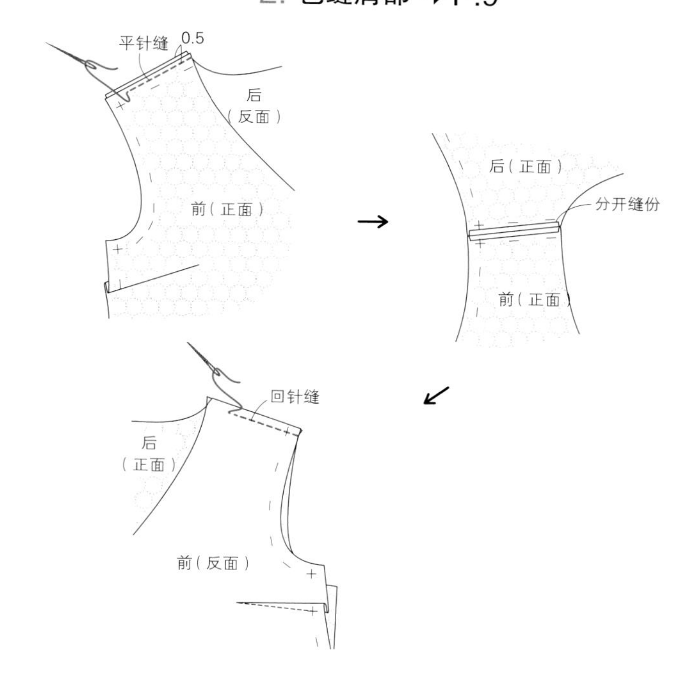

3. 用斜布条将领窝包边 ➡P.15

制作斜布条 ➡P.11

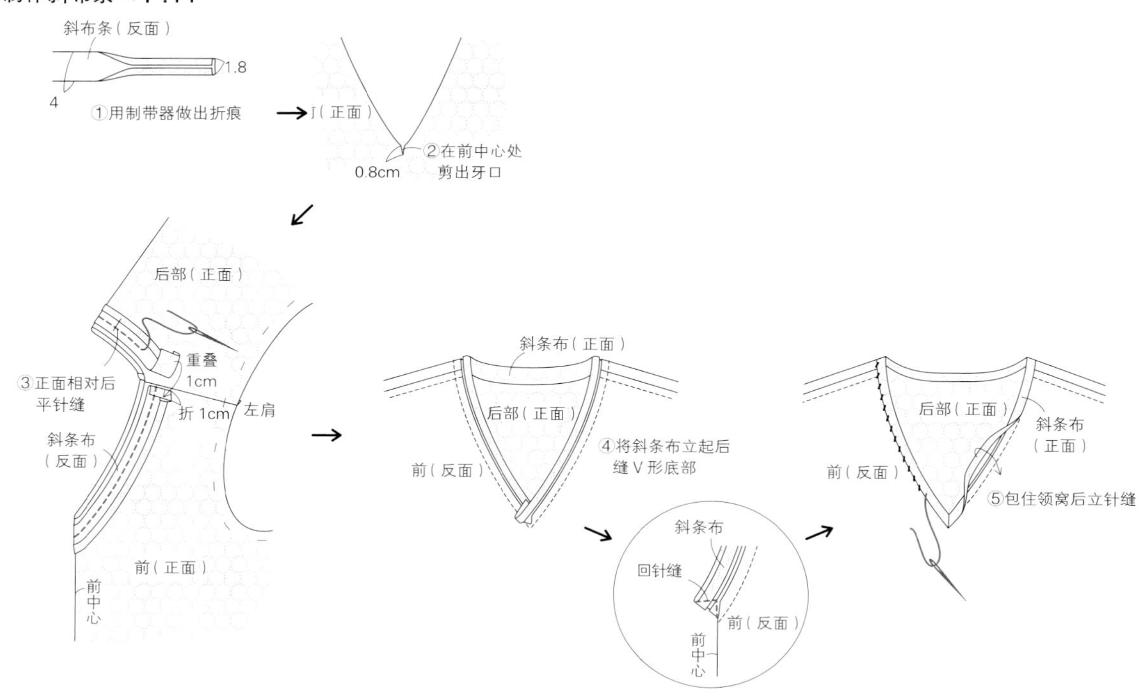

4. 包缝袖子 ➡P.9

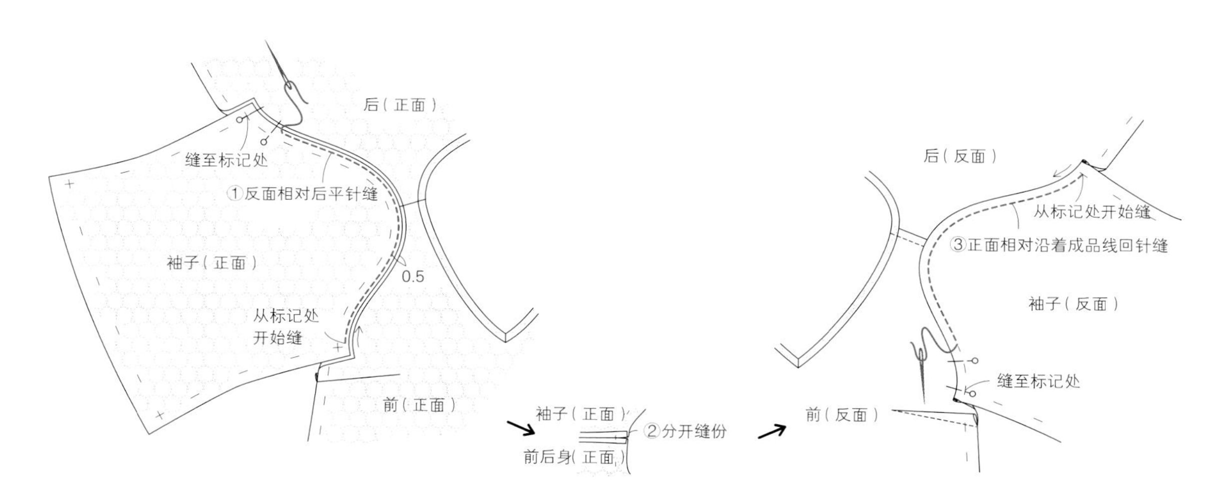

5. 将袖下和两侧劈包缝 ➡ P.10

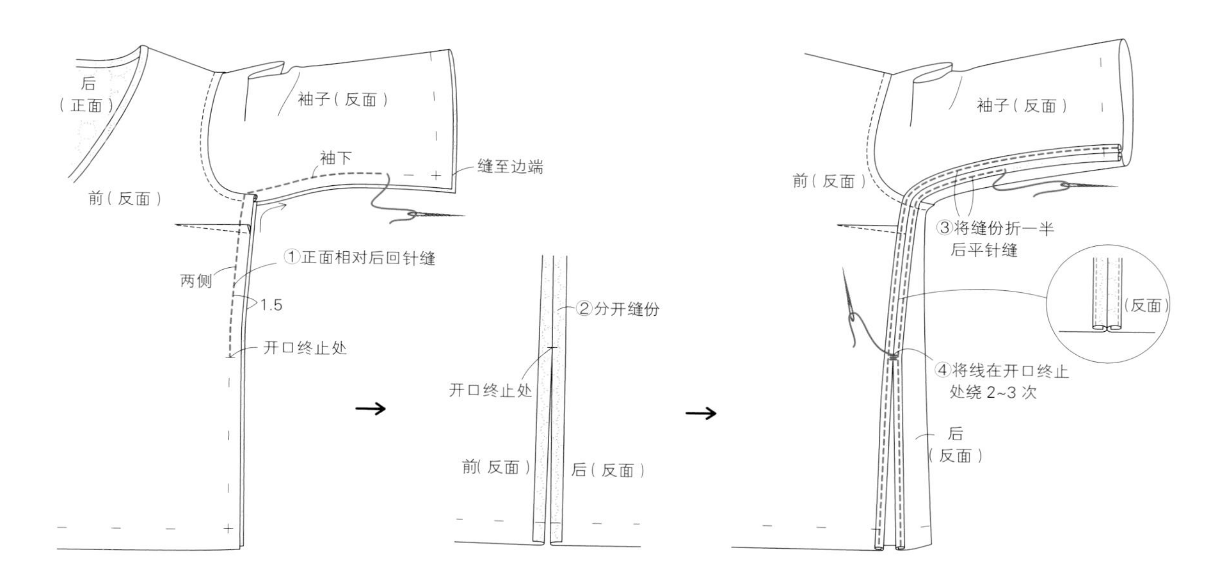

6. 将袖口折两次后平针缝

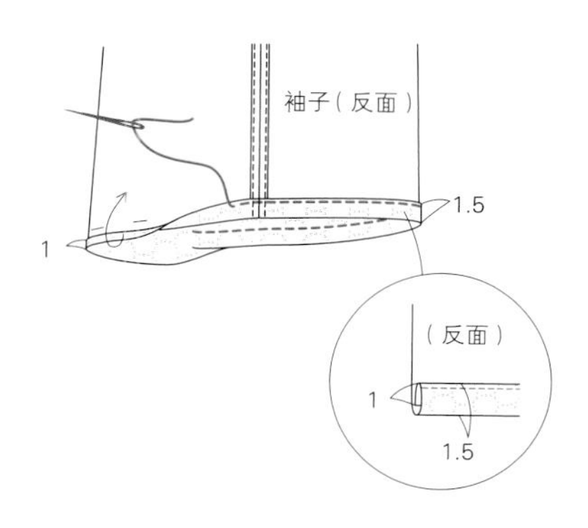

7. 将下摆折两次后平针缝 ➡ P.20

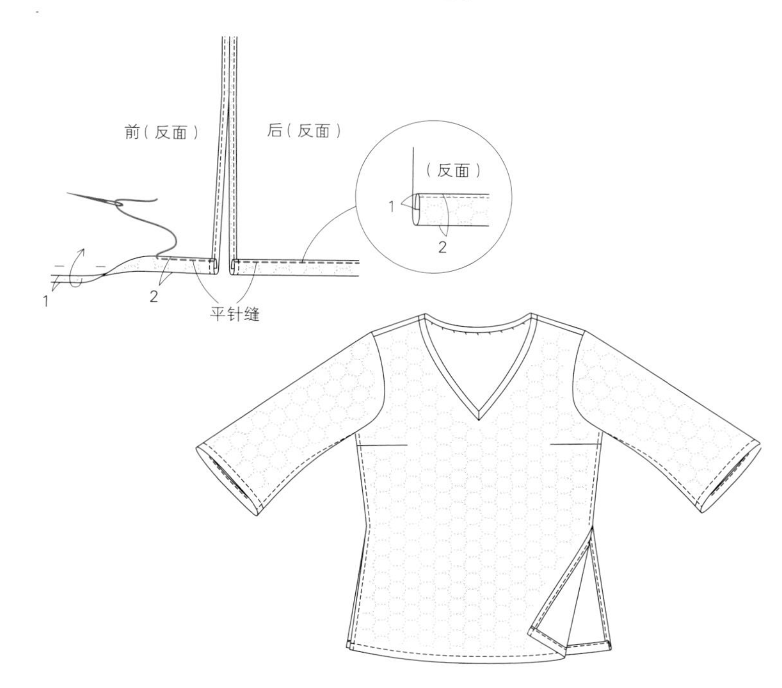

制作方法

连衣裙

实物大纸型第1面【4】

材料（成人）※通用于M/L尺寸

- 表布（棉·印花）= 宽110cm×225cm
- 黏合衬 = 10cm×15cm
- 线 = 合成纤维手缝线（橙色·no.235）、手缝绣线 < MOCO >（茶色·no.734）

〈 裁剪图 〉 ※数字从上起M/L尺寸

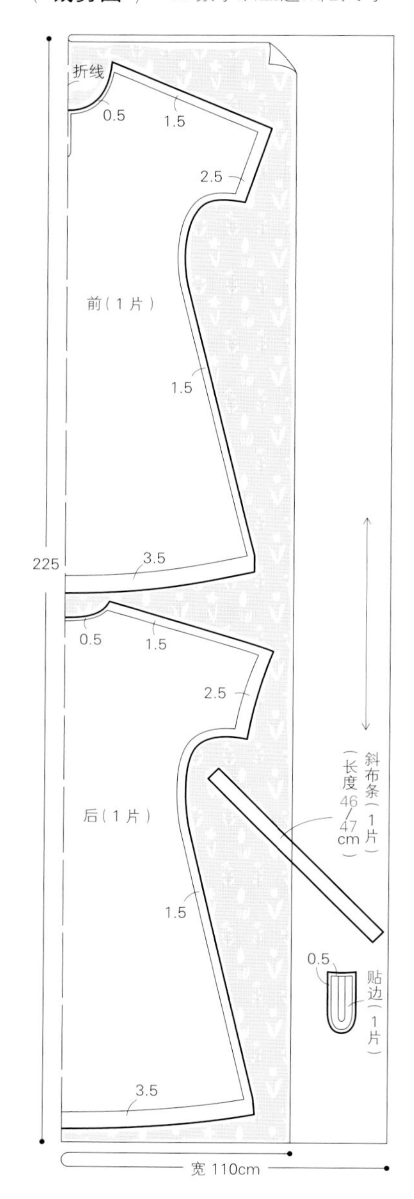

1. 包缝肩部 ➡P.9

2. 制作贴边

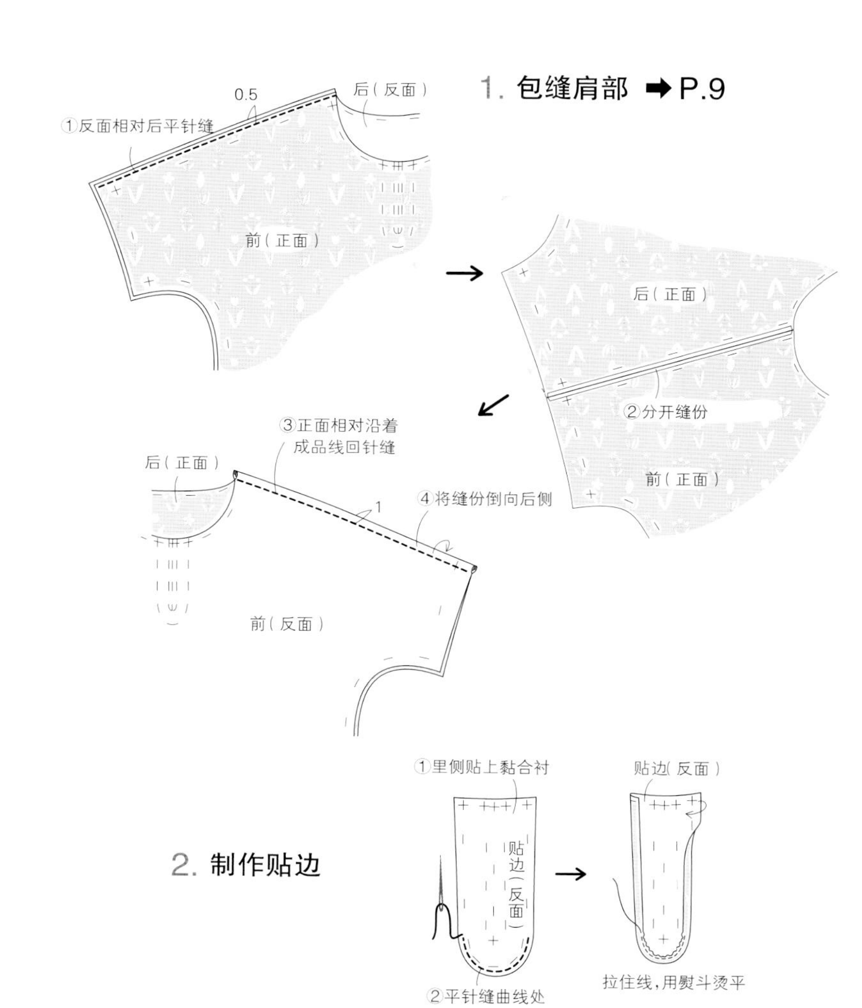

3. 用斜布条包住领窝 ➡P.15

制作斜布条➡P.11

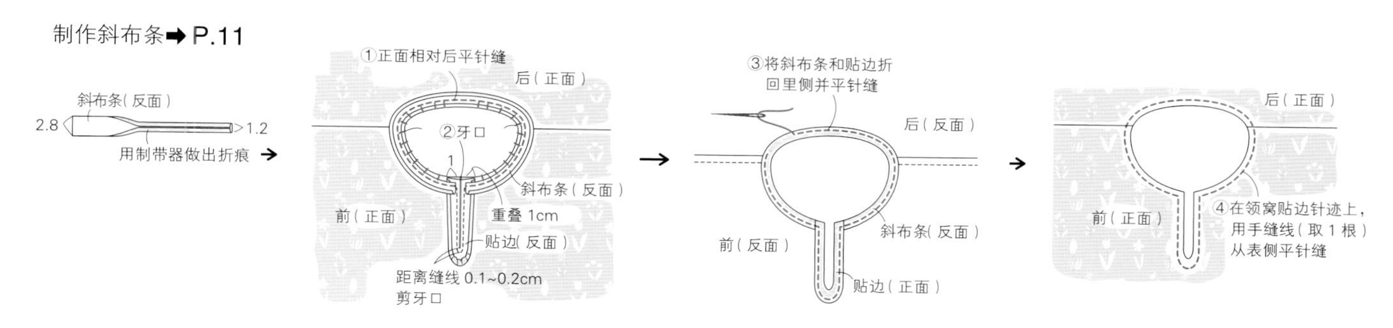

4. 包缝两侧 ➡P.9

5. 将袖口和下摆折两次后平针缝 ➡P.20

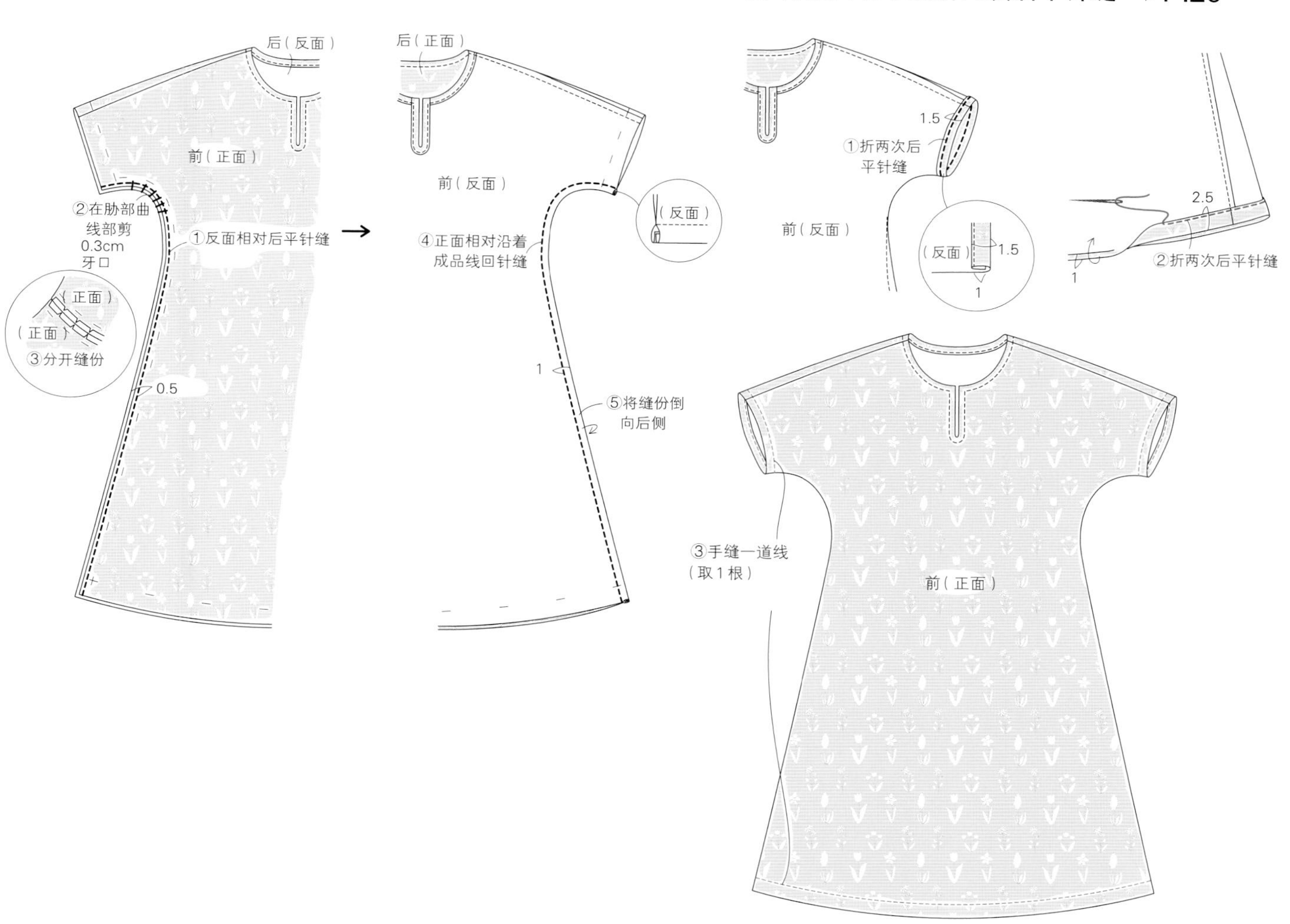

制作方法

P.58

百褶裙

材料（成人）※数字从左起M/L尺寸

- 表布（印花棉布）= 宽110cm×140／150cm
- 松紧带 = 宽2cm，约80cm
- 线 = 合成纤维手缝线（紫色·no.247）

〈**裁剪图**〉 ※数字从上起M/L尺寸
※镶边花纹和裙摆重叠
※制图的尺寸直接描在布上后裁剪

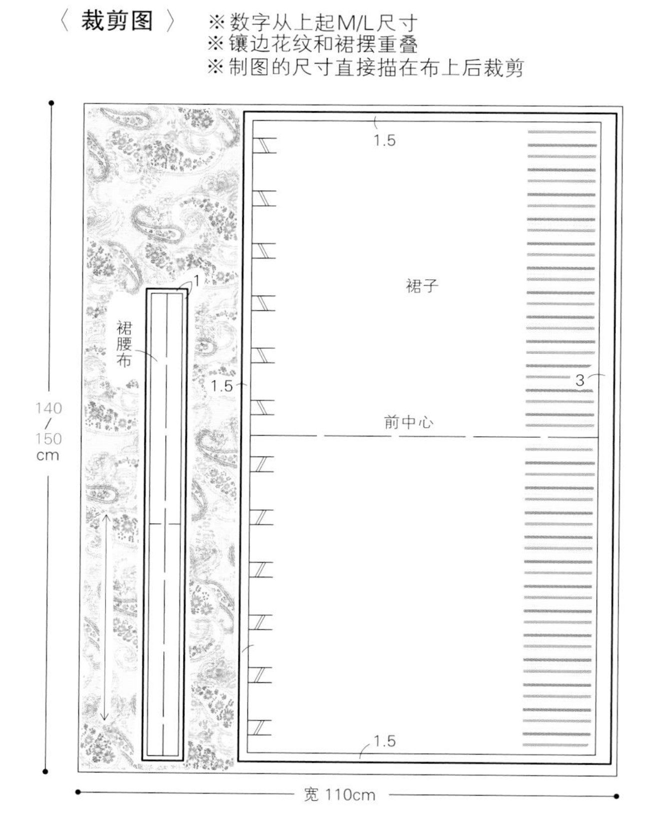

〈**制图**〉 ※数字从上起M/L尺寸

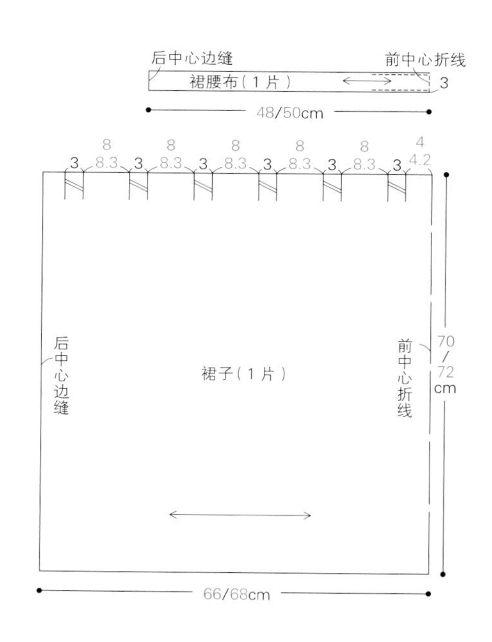

1. 打褶

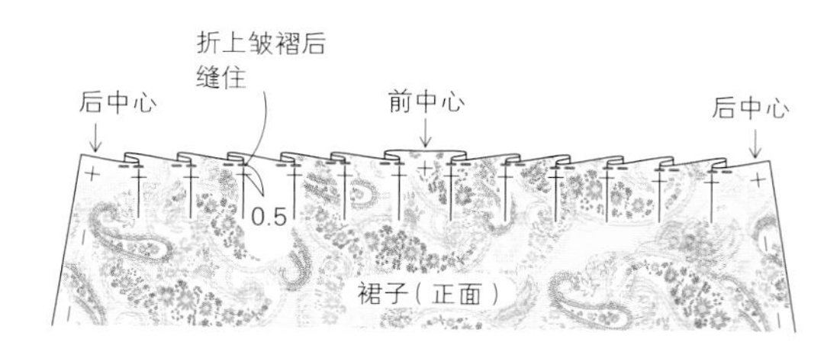

2. 包缝后部中心 ➡P.9

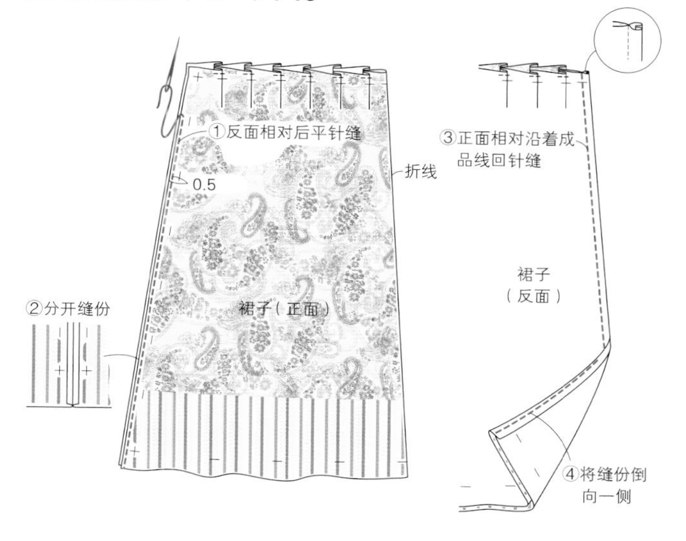

3. 制作裙腰布

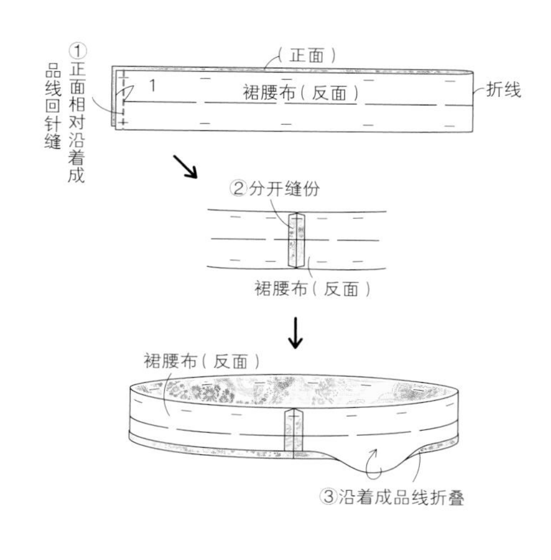

4. 缝裙腰

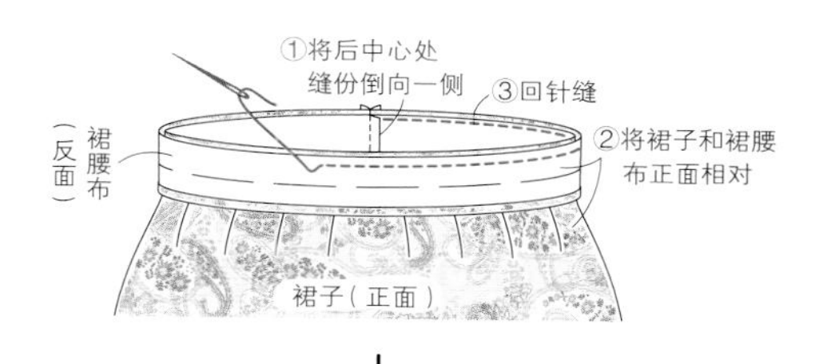

5. 将裙摆折两次后平针缝 ➡P.20

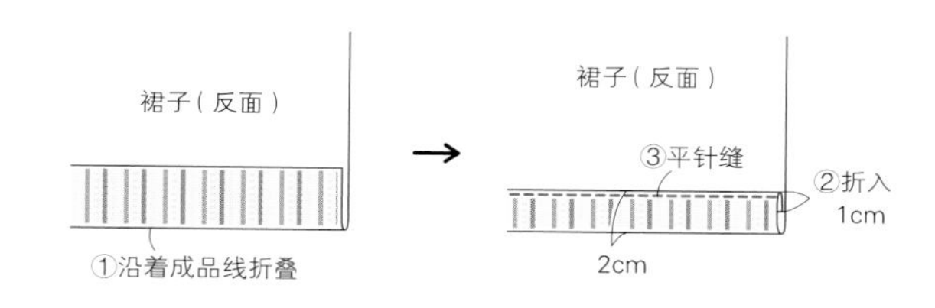

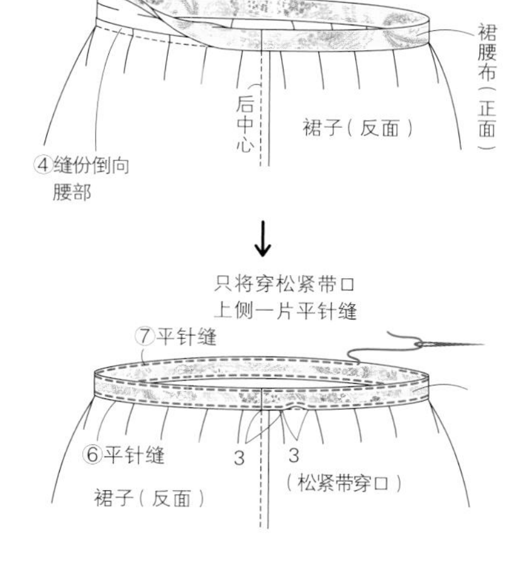

6. 穿松紧带 ➡P.20

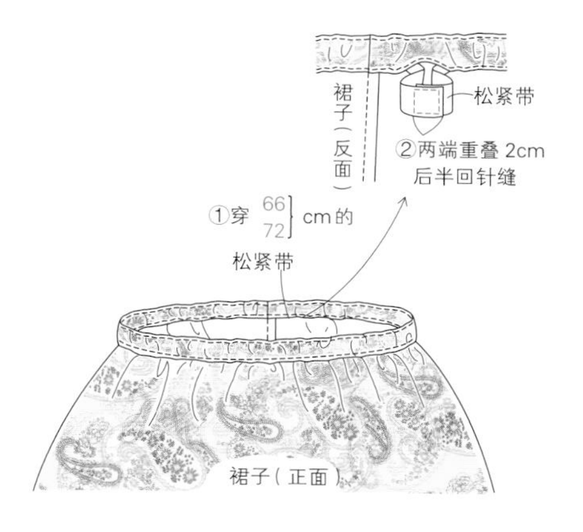

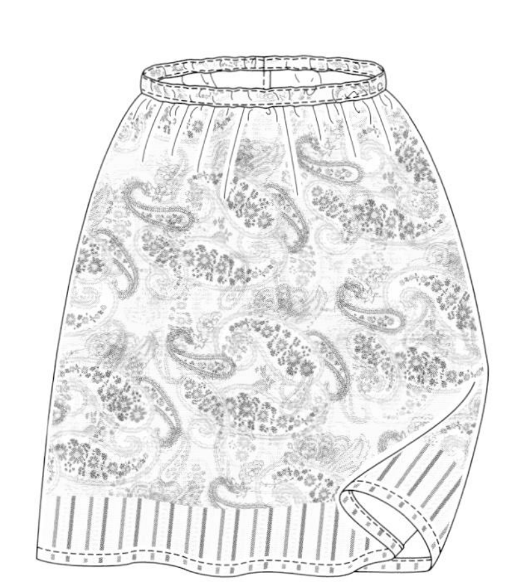

制作方法

P.58

百褶裙

材料（儿童） ※数字从左起100/110/120cm尺寸

- 表布（棉·格纹）＝宽110cm×125／130／135cm
- 松紧带＝宽2cm的44/46/48cm
- 波浪形布带（黏合型）＝宽0.7cm×125/130/135cm
- 线＝合成纤维手缝线（粉色·no.211、蓝色·no.88）

〈裁剪图〉 ※数字从上起100/110/120cm尺寸
※制图的尺寸直接描在布上后裁剪

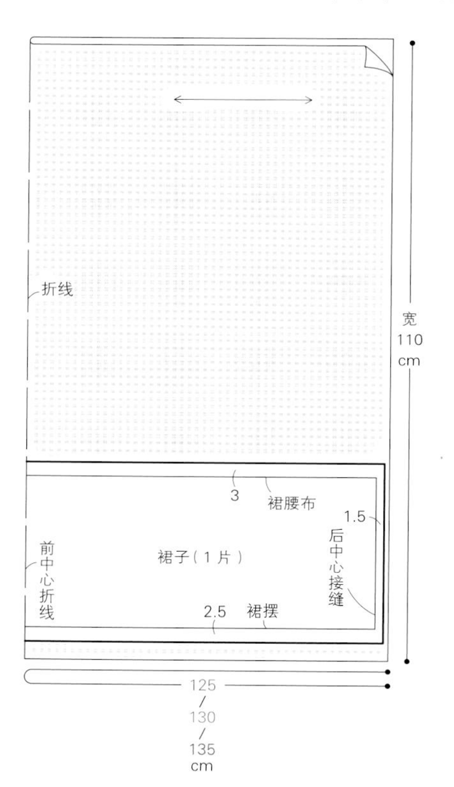

〈制图〉※数字从上起100/110/120cm尺寸

1. 将后部中心包缝 ➡ P.9

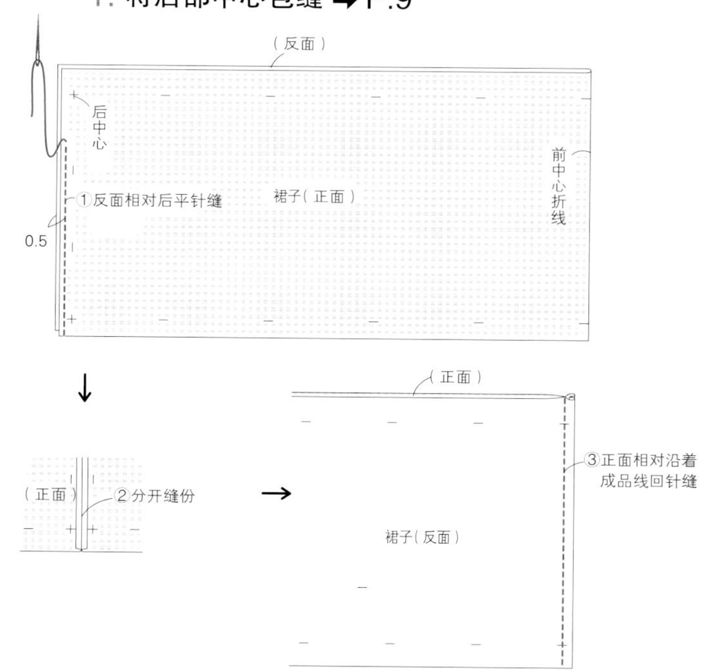

2. 缝裙腰和裙摆

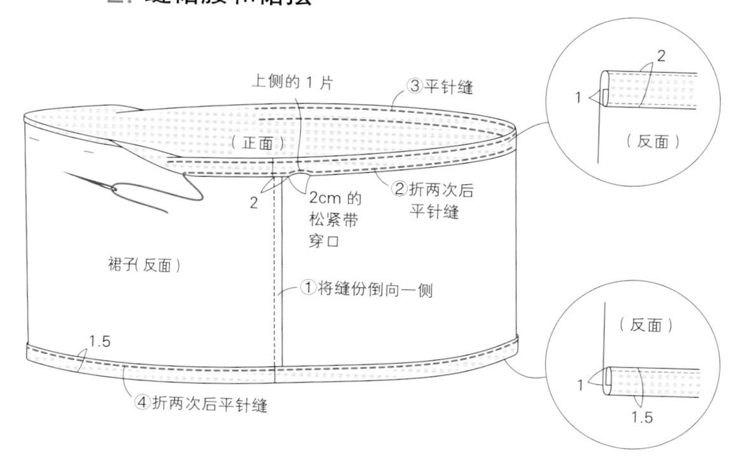

3. 穿松紧带 ➡ P.20

➡ P.20

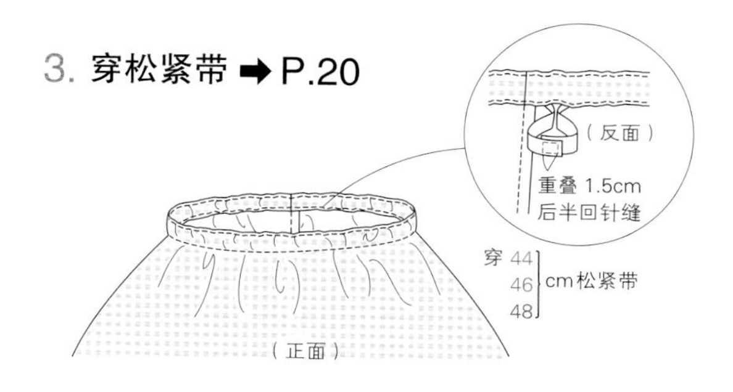

4. 缝波浪形布带

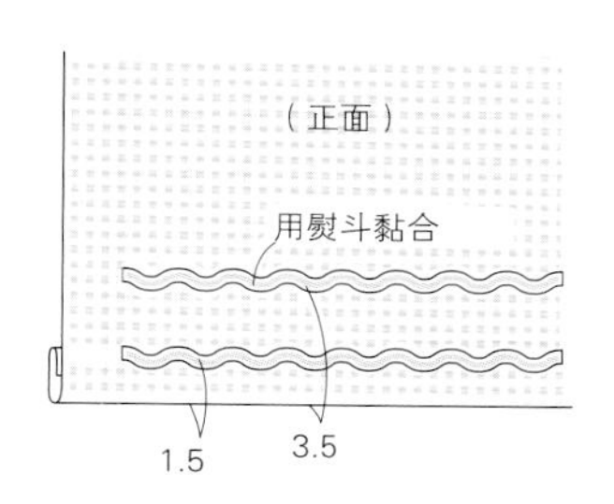

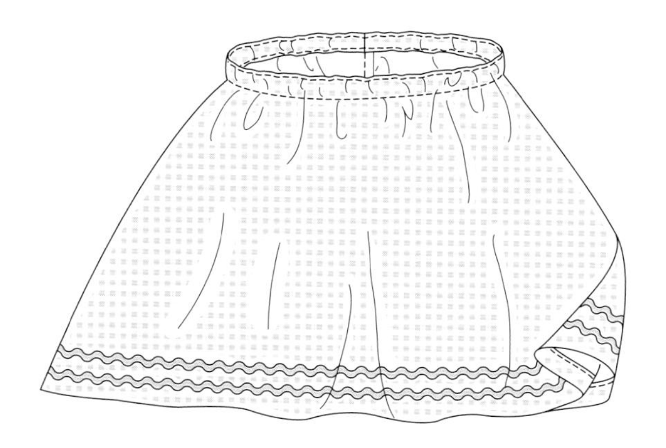

Lesson* 3

每天都想带着的

包包

想要的话立即就能动手做的包包。
不仅很快就能做好，而且便捷、实用。
作为衣柜的装饰或点缀，
可以设计成比较时尚的款式。

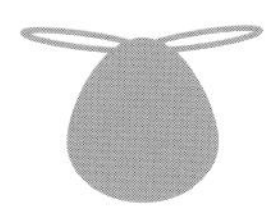

荷包

用绳子把袋口拉紧，形成蓬松的形状。可以设计成各种心仪的尺寸。将表布和里布重叠后一起缝，将里布翻回、穿上绳子后就简单地完成了。

制作方法 P.85

实物大纸型第4面（粉色）【16】（蓝色）【17】

绳子是用钩针和手缝线通过链式编织方法做成的。可以自己搭配表布、里布和绳子的颜色。用不同的颜色制作的较大尺寸，在区分零碎物上也很有用。

环保袋

仅用一块方布就能做成简单可爱的环保袋，让你快乐地享受日常购物。横着裁剪的口袋是重点。底部皱褶可以增加收纳容量。

制作方法 P.86

将环保袋收进前面的口袋里后变成很小尺寸。方便携带，很容易就能从包包里取出，在容易增加行李的旅途中也用得着。

缝上荷包形的盖子，可以将口用绳子拉紧。既可以享受布料的搭配，又可以将容易取东西的大包包口遮盖住。在绳子两端缝上的纽扣也是重点。

大手提包

椭圆形的漂亮大手提包。底部重叠着表布和粘贴了黏合绒衬的里布，所以很结实给人以安全感。可爱的花纹搭上皮革提手，更显成熟。

制作方法 P.88　实物大纸型第2面【8】

挎包

横着裁剪条纹布制成的带盖子的挎包。将两片长方形布折叠重合后，把两侧缝合，然后翻回正面后就简单地制作完成了。

制作方法 P.90

打开盖子后看到的里布，选择与表布同色系的无纹布。缝上摁扣，使其固定住。

包中包

外侧和内侧都有很多口袋的包中包，轻松整理外出必需品，非常便利。可以把不同的部位换成不一样的布料，增加趣味性。选择自己中意的布料进行搭配，这也是手工缝纫的乐趣之一。

制作方法 P.92　实物大纸型第3面【12】

将包住袋口的布带中央留出一部分，可以当作提手。方便从包包中取出，可以放入贵重物品提着步行。这是非常便利的款式。

P.80

荷包

实物大纸型第4面（粉色）【16】（蓝色）【17】

制作方法

材料 ※数字从左起小/大尺寸

- 表布（棉·印花）=40cm×20cm / 50cm×25cm
- 里布（棉·无纹）=40cm×20cm / 50cm×25cm
- 线=小：合成纤维手缝线（粉色·no.211）
  手缝绣线〈MOCO〉（粉色·no.5）
  大：合成纤维手缝线（蓝色·no.83）
  手缝绣线〈MOCO〉（蓝色·no.74）

〈裁剪图〉 ※数字从上起小/大尺寸

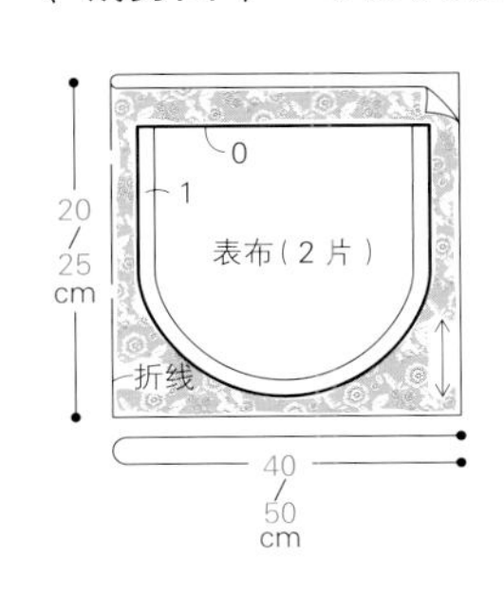

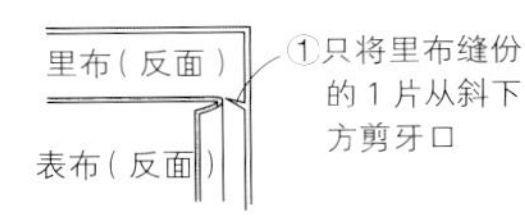

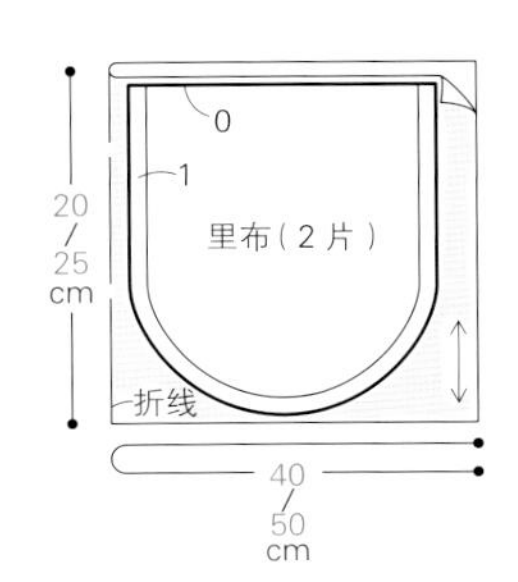

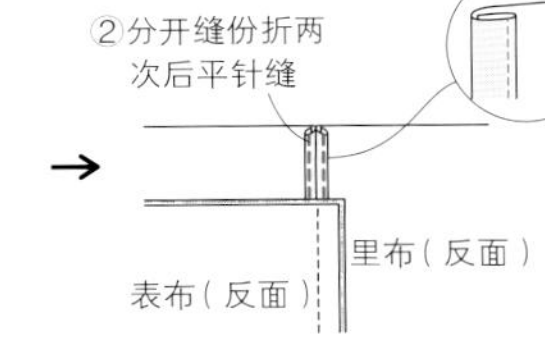

1. 将表布和里布缝合

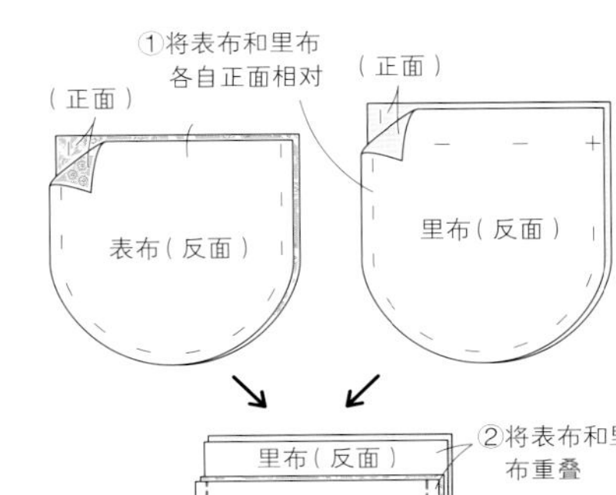

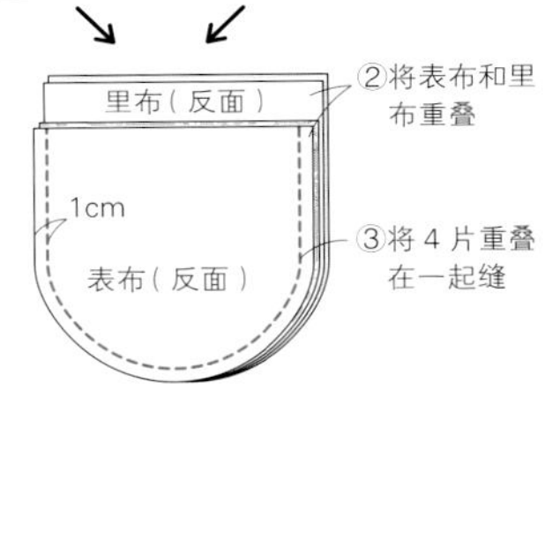

2. 制作穿绳口

里布（反面）
①只将里布缝份的1片从斜下方剪牙口
表布（反面）

②分开缝份折两次后平针缝
里布（反面）
表布（反面）

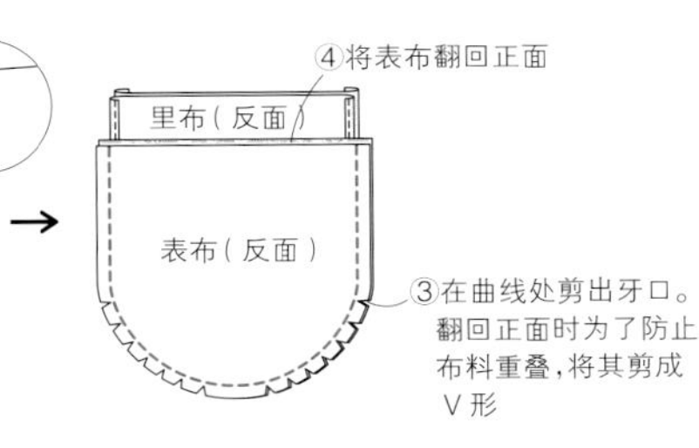

3. 制作穿绳通道

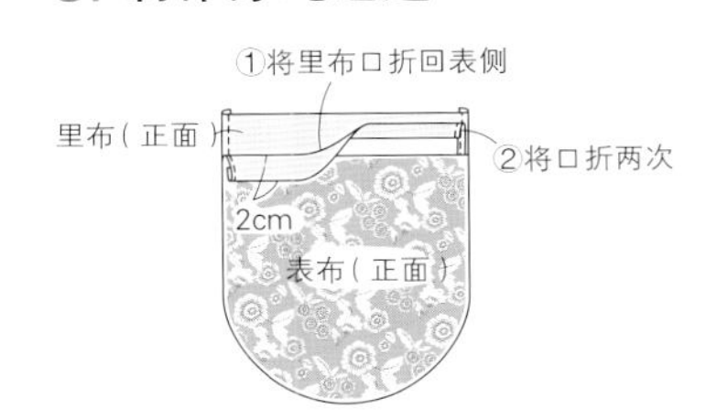

4. 制作绳子

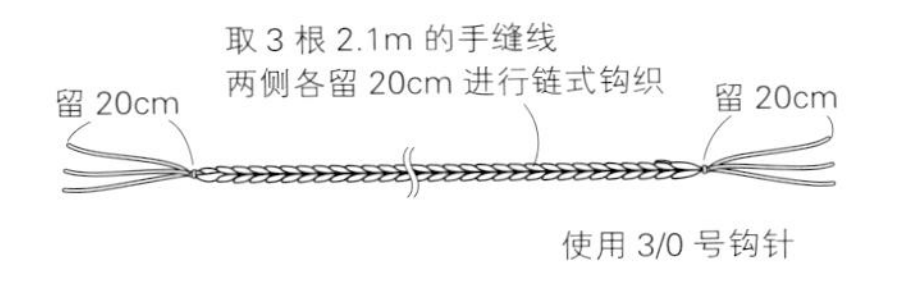

5. 穿绳子，在两端制作蝴蝶结

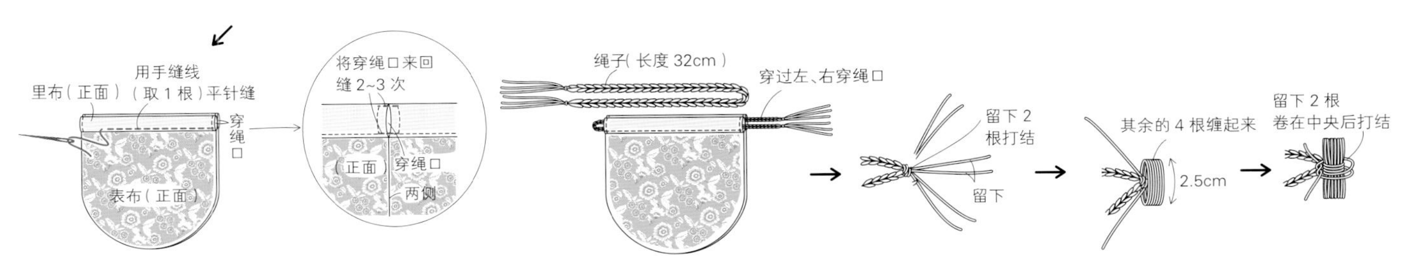

制作方法

P.81 环保袋

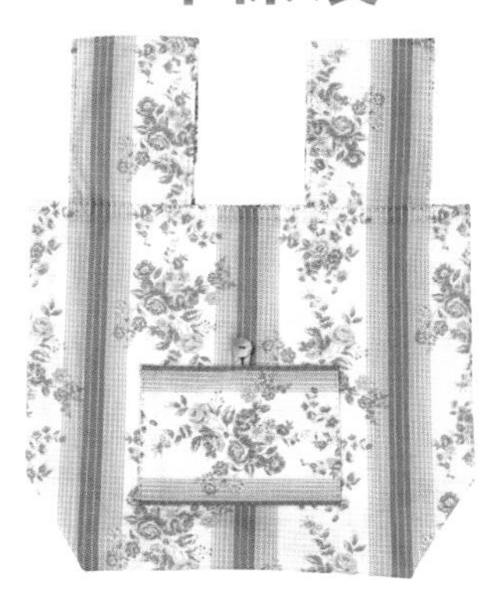

材料

- ●布袋布（棉・印花）＝宽110cm×90cm
- ●纽扣＝直径1.8cm1颗
- ●线＝合成纤维手缝线（灰色・no.171）

〈 制图 〉※含缝份

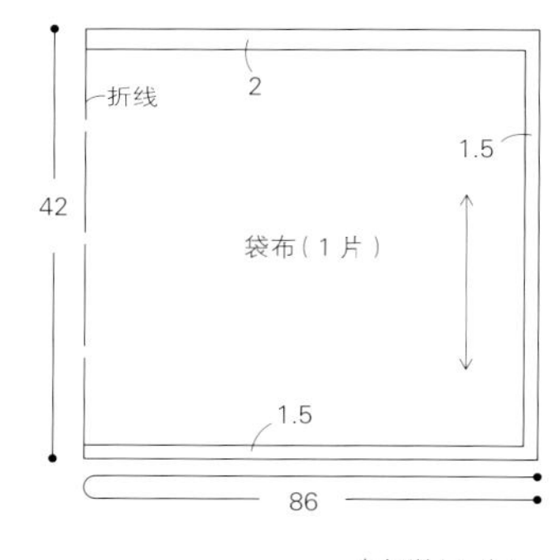

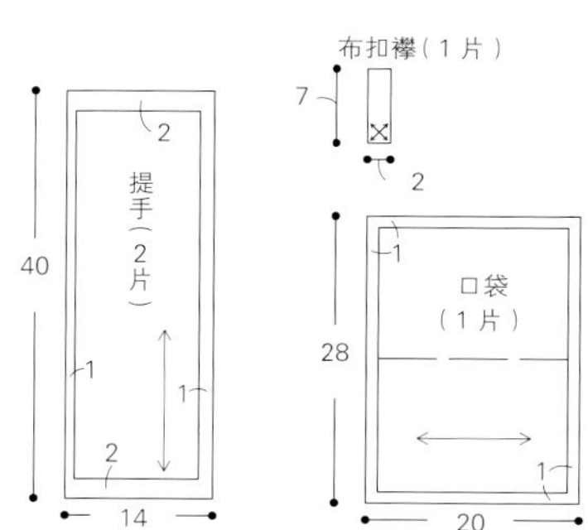

〈 裁剪图 〉

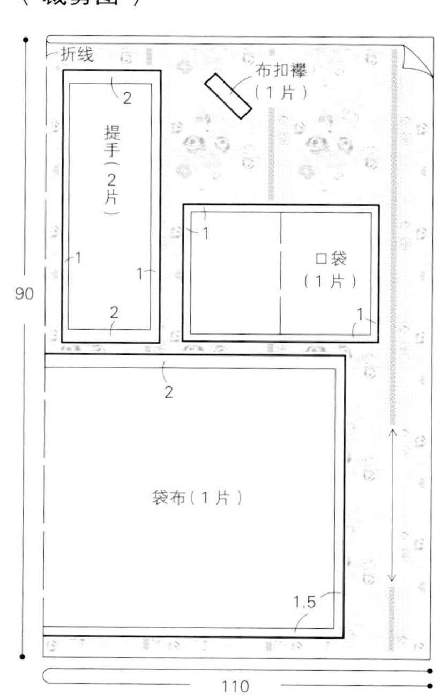

1. 制作口袋并缝合

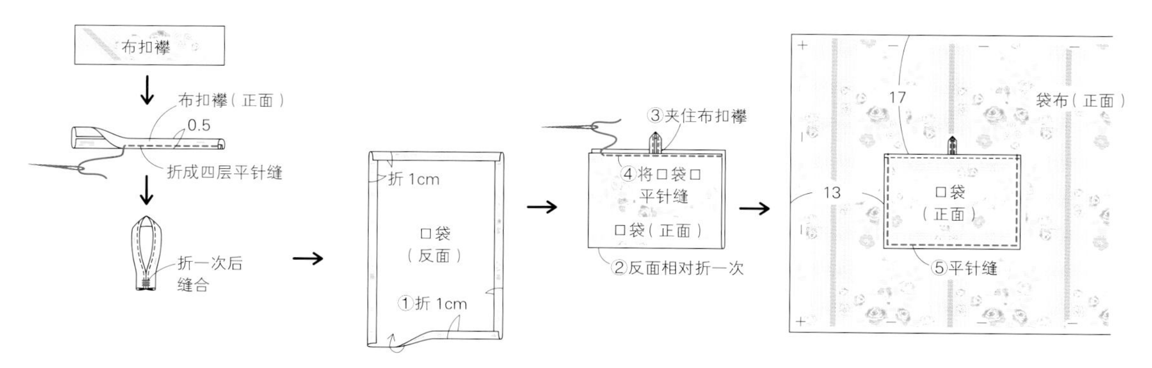

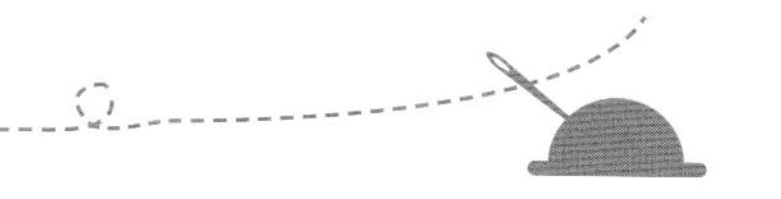

2. 包缝两侧

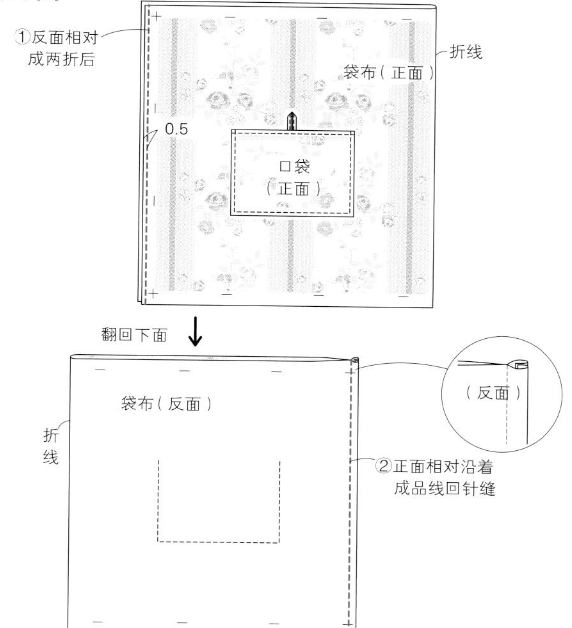

3. 底部折叠后缝纫

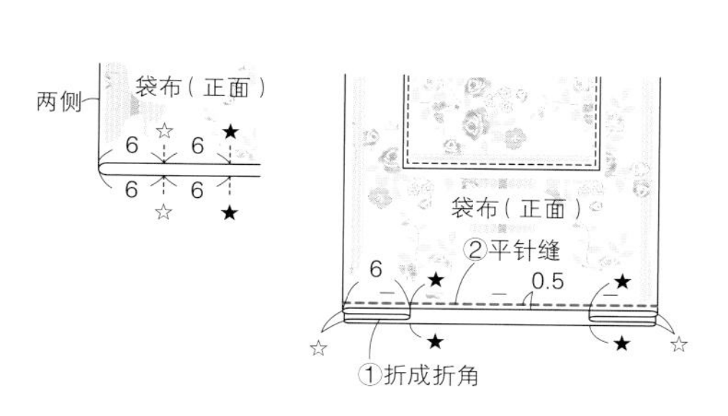

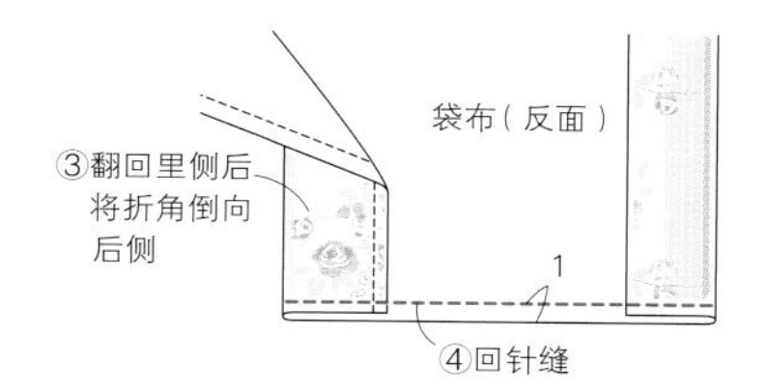

4. 将提手缝在袋口

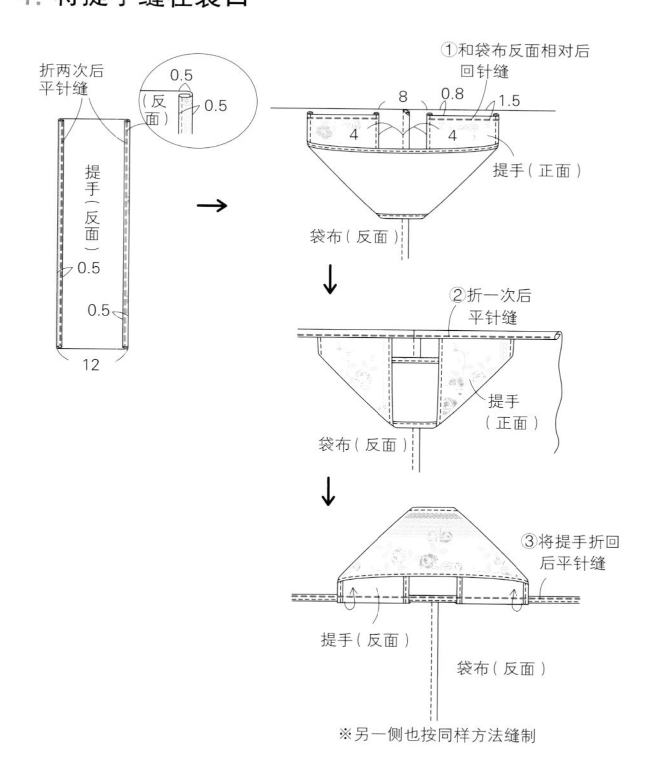

※另一侧也按同样方法缝制

5. 缝纽扣

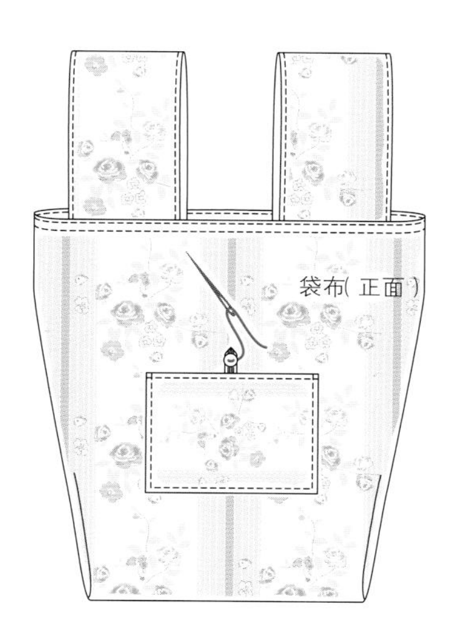

大手提包

实物大纸型第2面【8】

制作方法

材料

- ●表布・表底（棉・印花）= 宽110cm × 55cm
- ●盖子布・里底（棉・格纹）= 宽110cm × 40cm
- ●黏合绒衬 = 30cm × 20cm
- ●棉布带 = 宽1cm的160cm
- ●提手 = 1组，宽2.5cm长33.5cm
- ●纽扣 = 直径1.3cm4颗
- ●线 = 合成纤维手缝线（灰色・no.161）、手缝绣线〈MOCO〉（灰色・no.751）

〈 裁剪图 〉

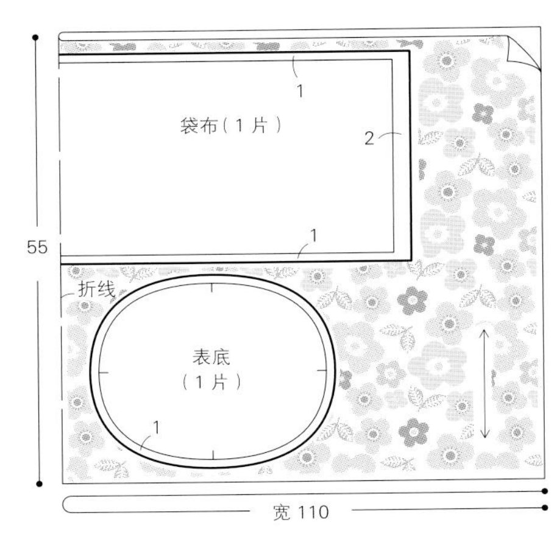

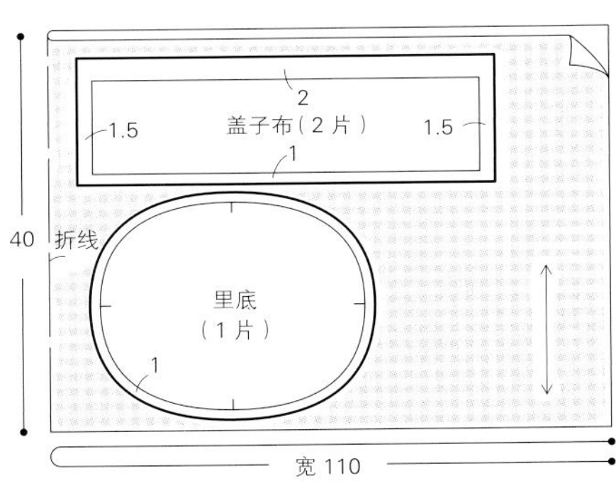

1. 缝盖子布

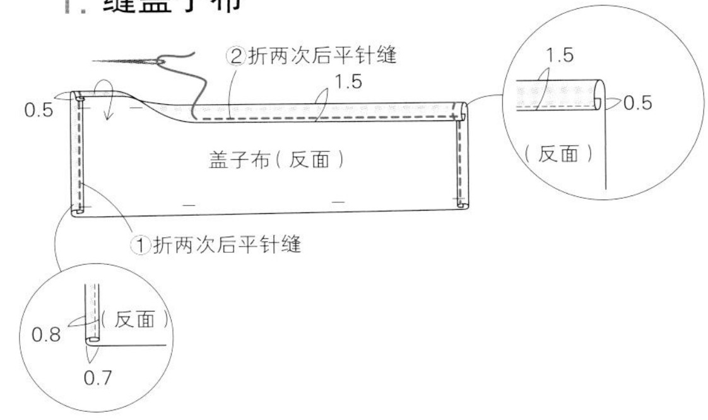

2. 将袋布和盖子布缝合

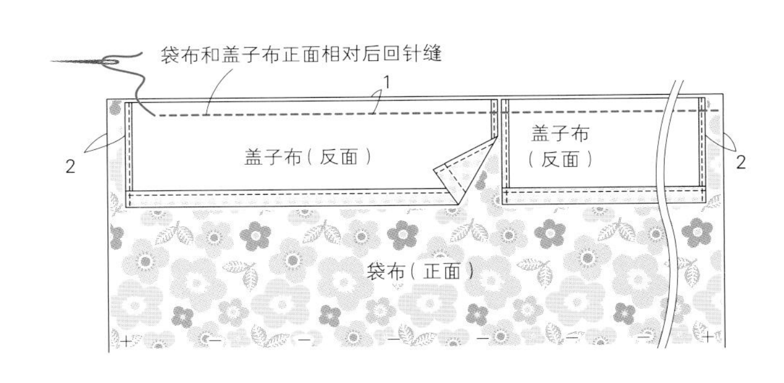

3. 包缝袋布两侧 ➡ P.9

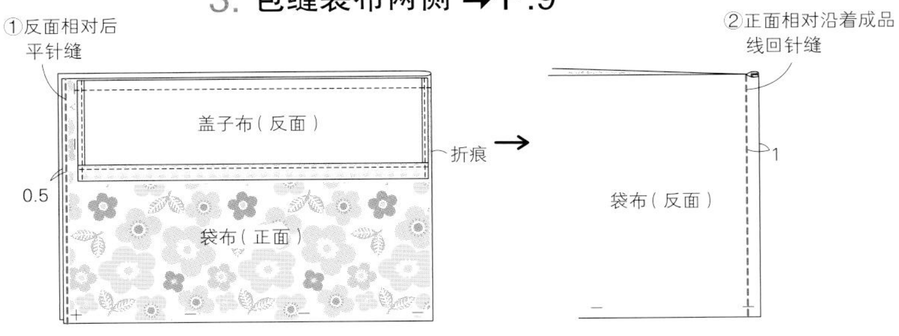

4. 缝袋口

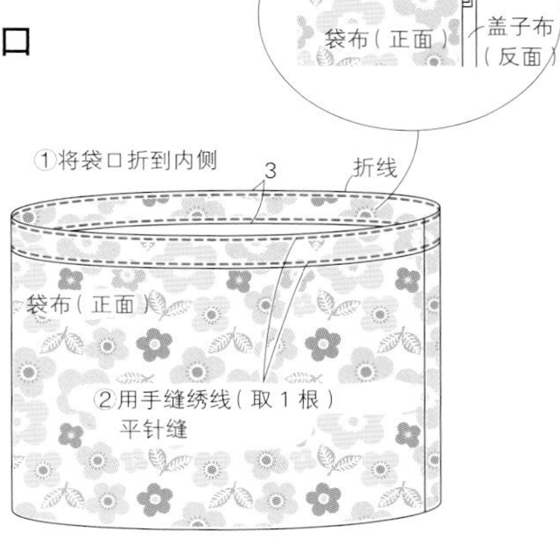

5. 缝表底

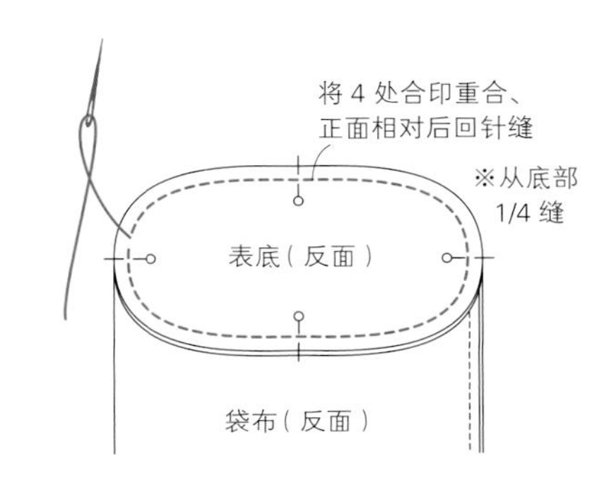

6. 制作里底并缝合

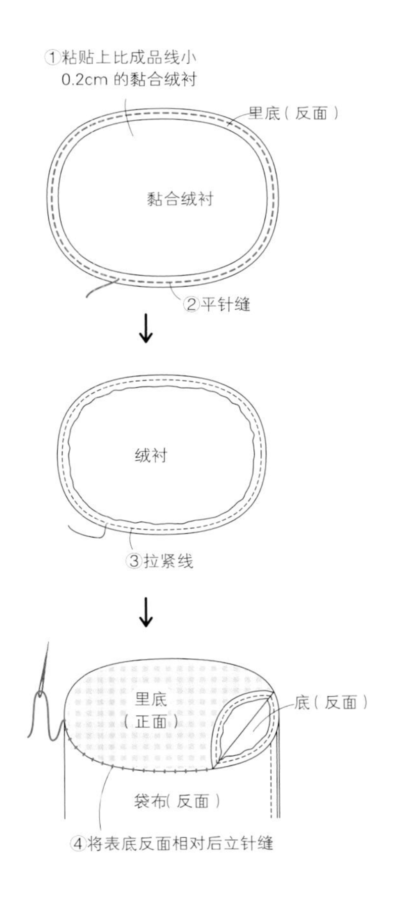

7. 在盖子布上穿绳子

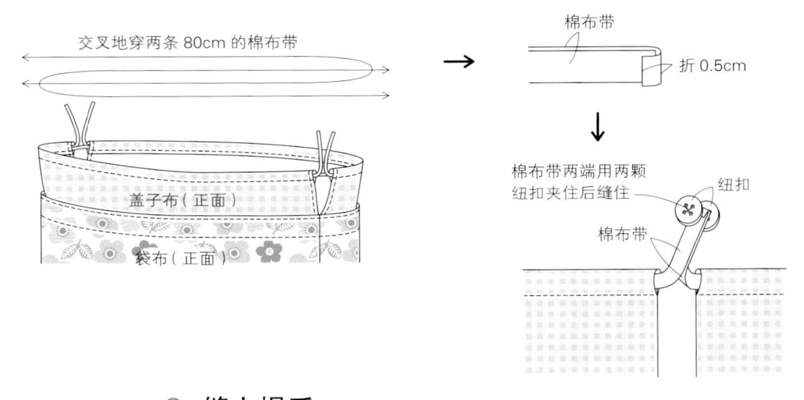

8. 缝上提手

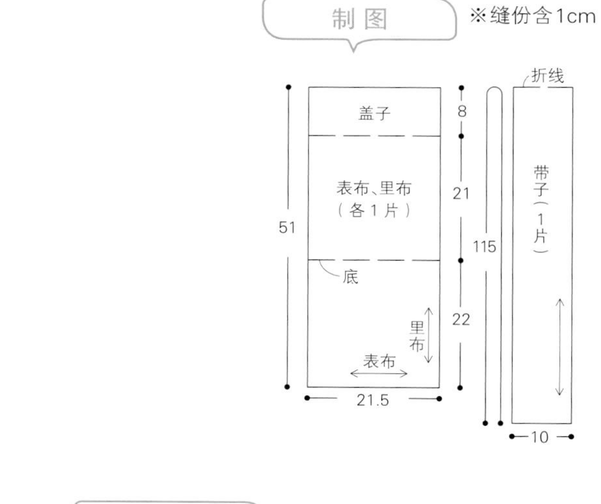

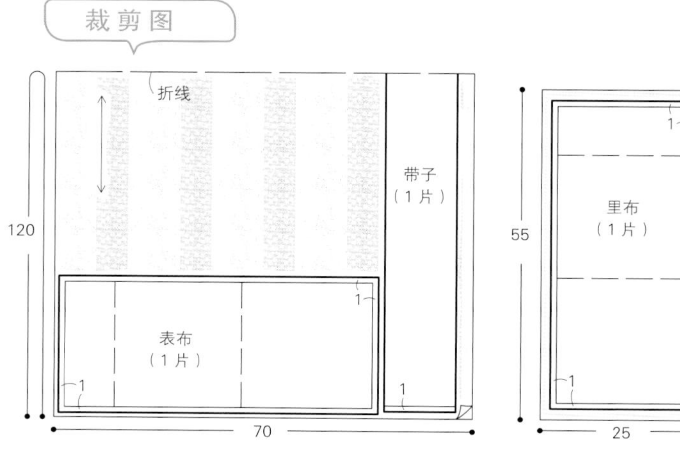

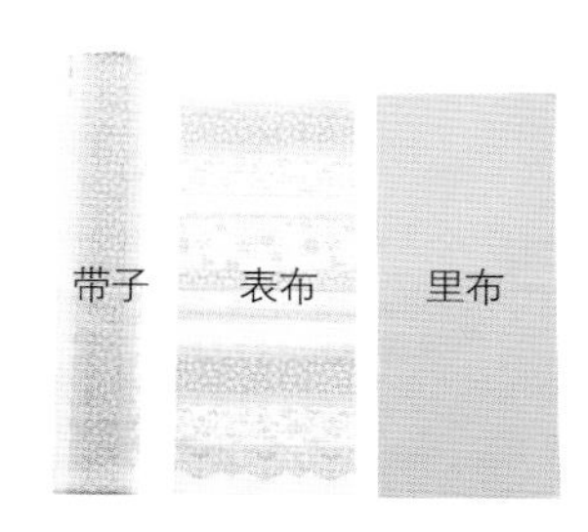

材料

- 表布（棉・印花）= 70cm × 120cm
- 里布（棉・无纹）= 25cm × 55cm
- 纽扣 = 直径1.8cm1颗
- 摁扣 = 直径1.3cm1组
- 线 = 合成纤维手缝线（紫色・no.245）

1 缝合表布和里布

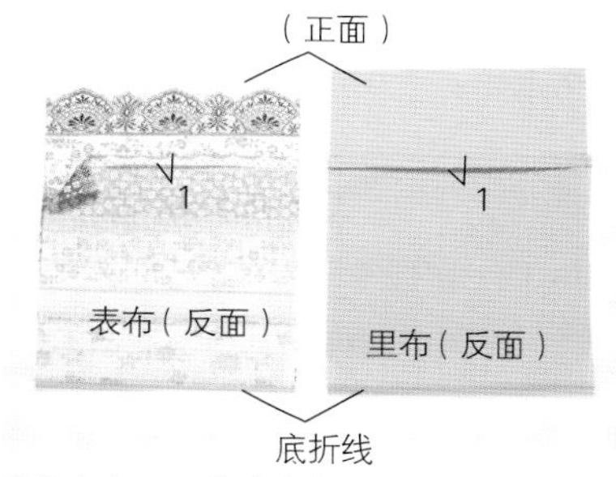

❶将表布、里布成为袋口的较短一边向里折1cm，在底部正面相对折一次。

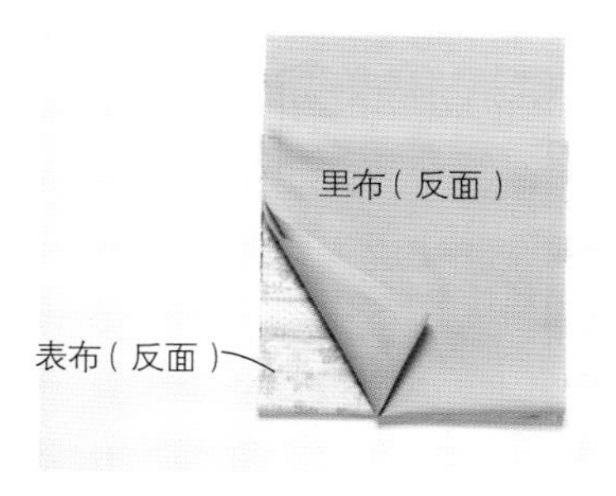

❷将表布和里布的袋口相对重叠。

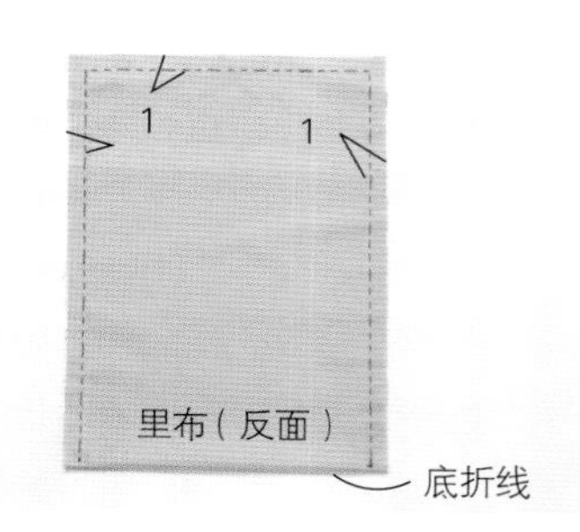

❸在距离上端和两侧布边1cm处回针缝。

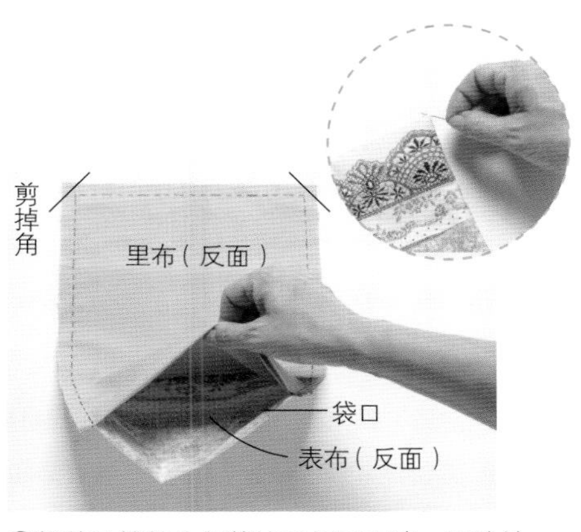

❹将盖子缝份的角剪掉后折回下端。用珠针将盖子的角整理好。

❺从袋口将其翻回正面。

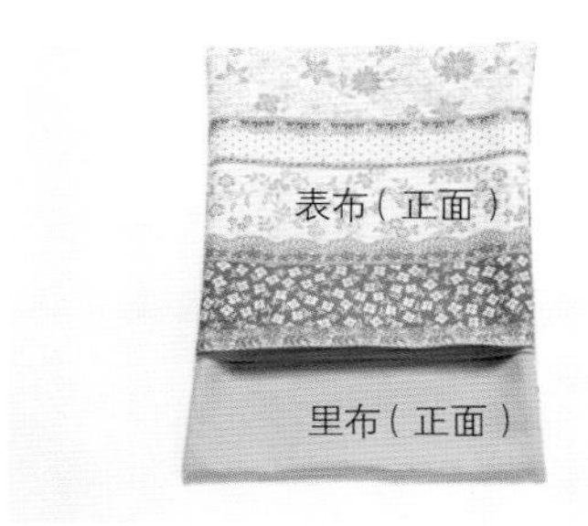

翻回正面后的样子。

2 缝袋口、盖子

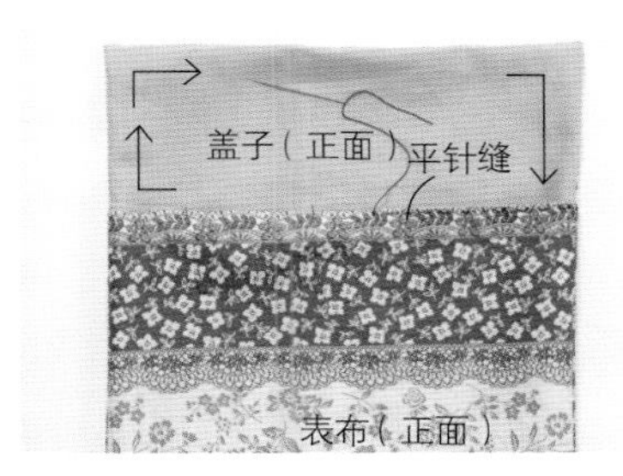

将表布和里布的袋口重叠后用珠针固定，从袋口平针缝缝至盖子布。

3 缝摁扣和纽扣

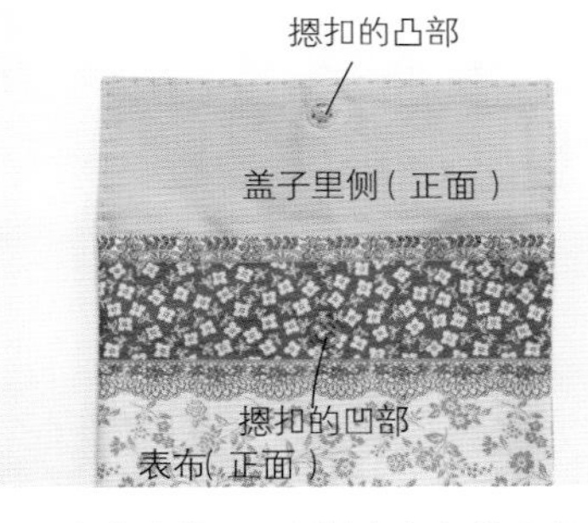

用两根线在盖子里侧缝上摁扣的凸部，在袋布处缝上凹部。

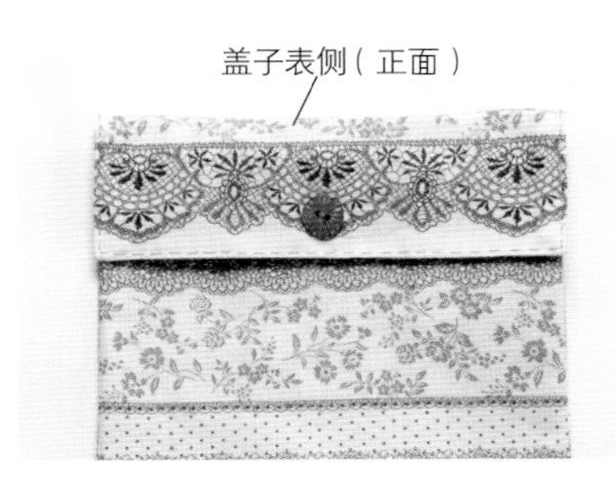

用2根手缝线在盖子表侧缝上纽扣。

4 制作带子

将带子两端向里折1cm。

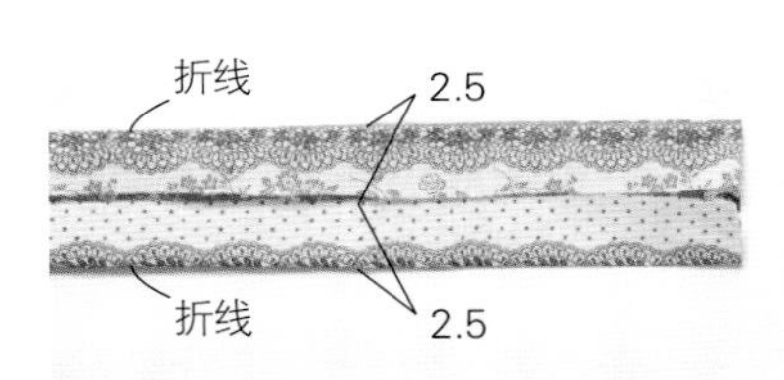

如图分别向里侧折2.5cm，然后再对折(共四层)。

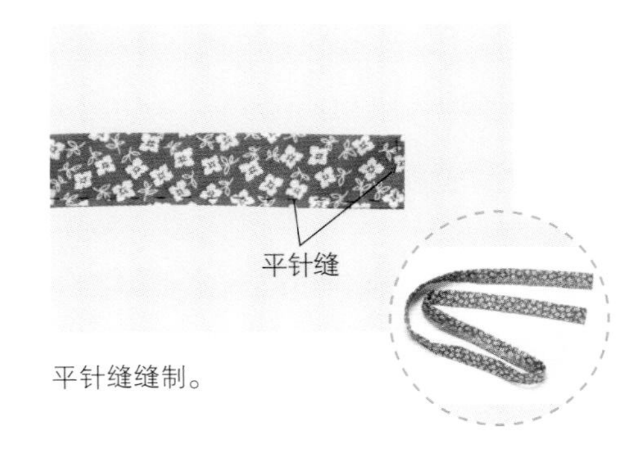

平针缝缝制。

5 缝带子

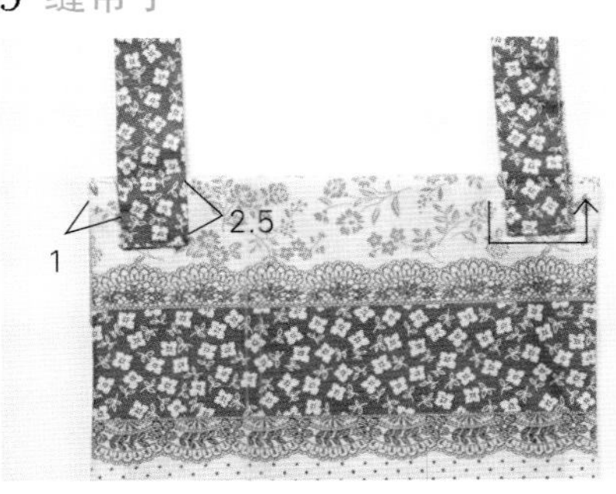

带子与包的后侧上端重叠，将带子两侧和下端缝合。

制作方法

包中包

实物大纸型第3面【12】

材料

- 布a（棉·无纹）= 宽110cm×45cm
- 布b（棉·格纹）= 45cm×30cm
- 布c（棉·花纹）= 80cm×15cm
- 布d（棉·花纹）= 35cm×15cm
- 亚麻布带 = 宽2cm×60cm
- 松紧带 = 宽0.5cm×60cm
- 线 = 合成纤维手缝线（蓝色·no.264）

〈裁剪图〉

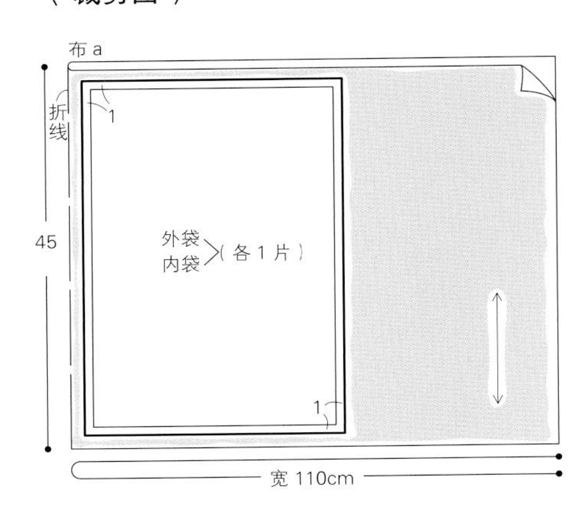

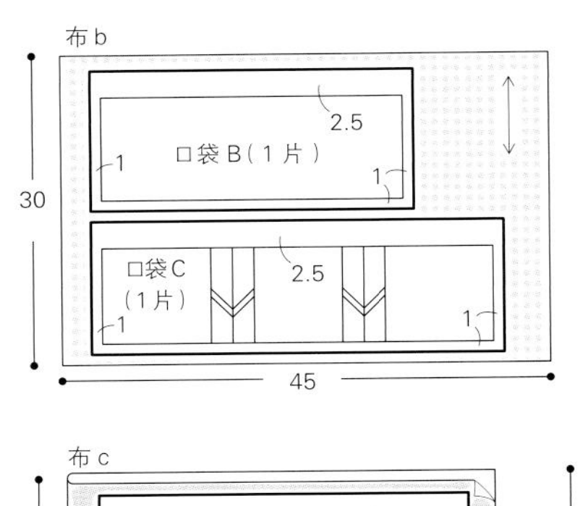

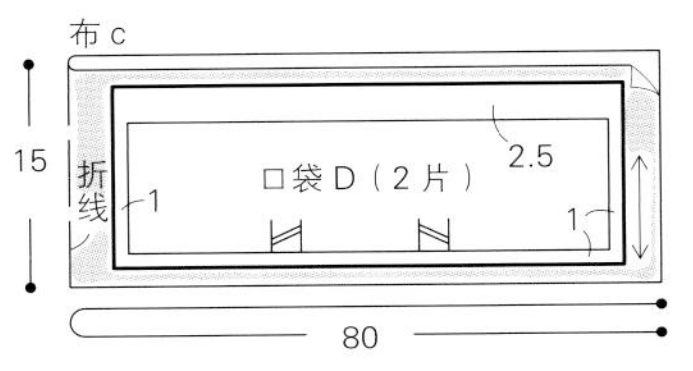

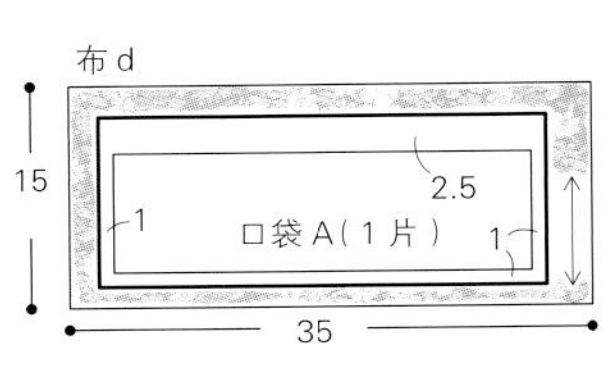

1. 制作口袋并缝接

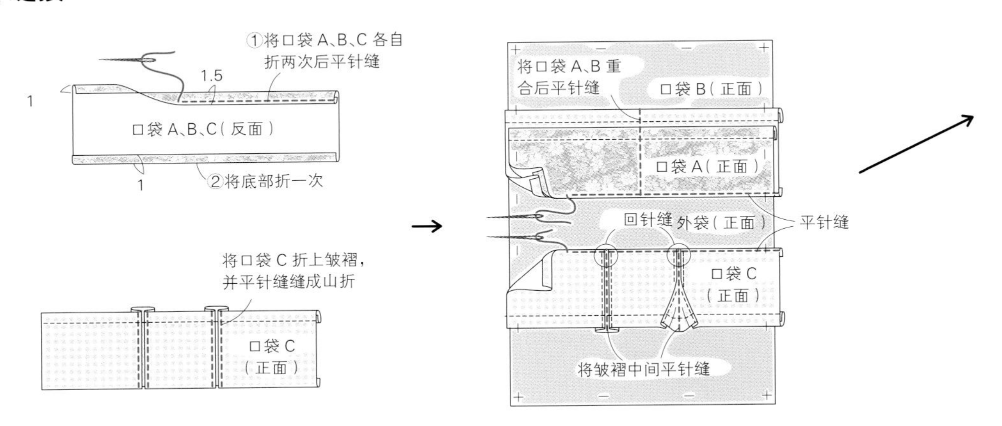

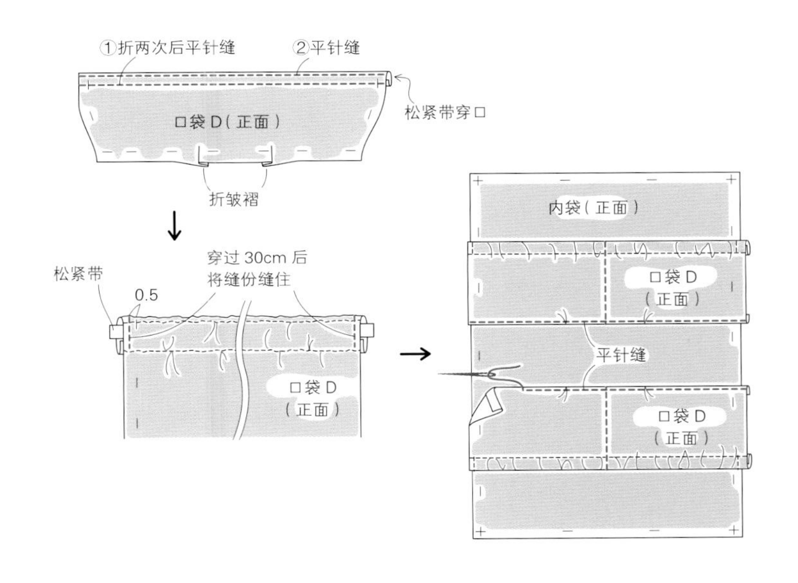

2. 折袋口和底部

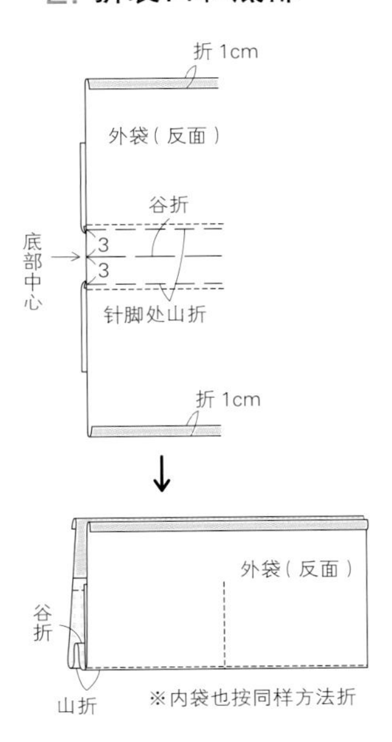

3. 将外袋和内袋缝合

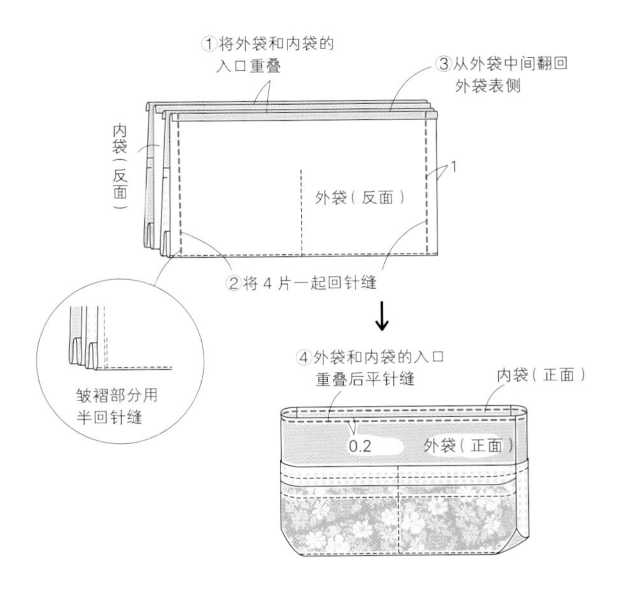

4. 缝上提手

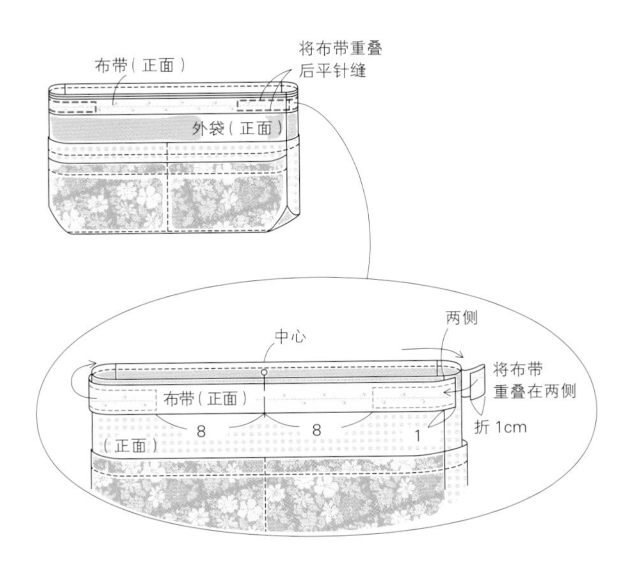

Lesson* 4

想要做很多的

婴儿服

婴儿服需要每天换洗，所以要多准备几件。
需要缝的地方很少，可以很快做成。
选择舒适的布料，请务必手工制作。
也可以当作祝福孩子出生的礼物。

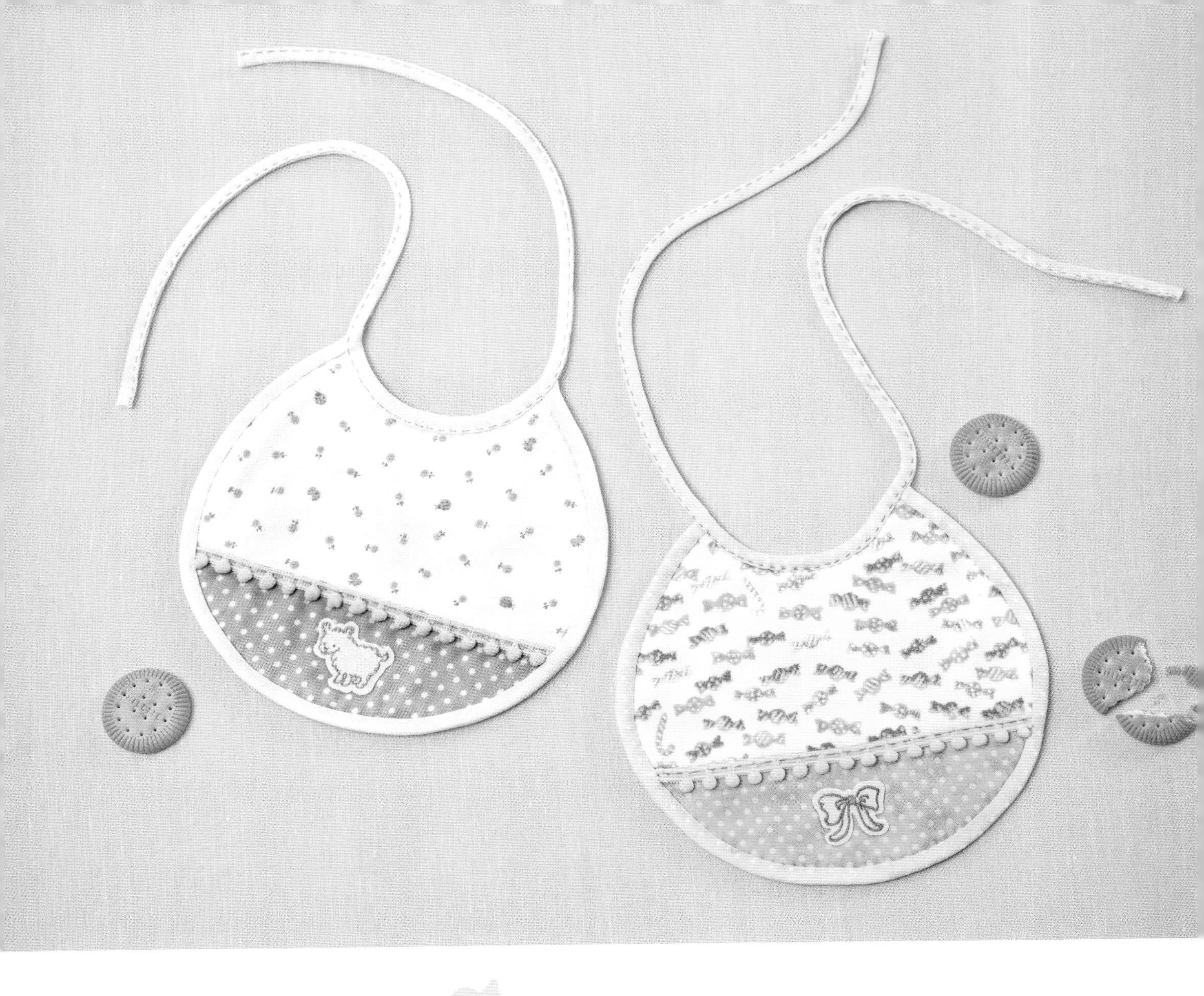

围嘴

制作方法 P.100

实物大纸型第3面【13】

柔和色调的围嘴，是由柔软、吸水性好的光滑布料和绒布制成。包边的斜布条也选用柔软的纱布。

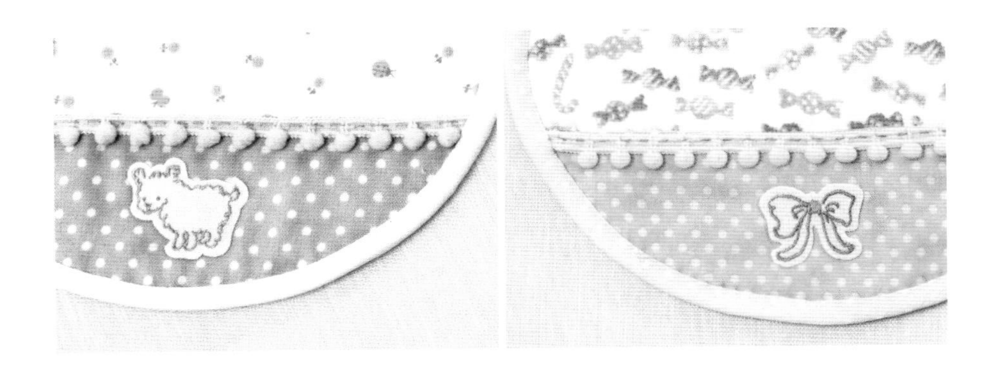

缝上绒球布带或是贴上绣章。因为可爱，孩子也会乐意戴。

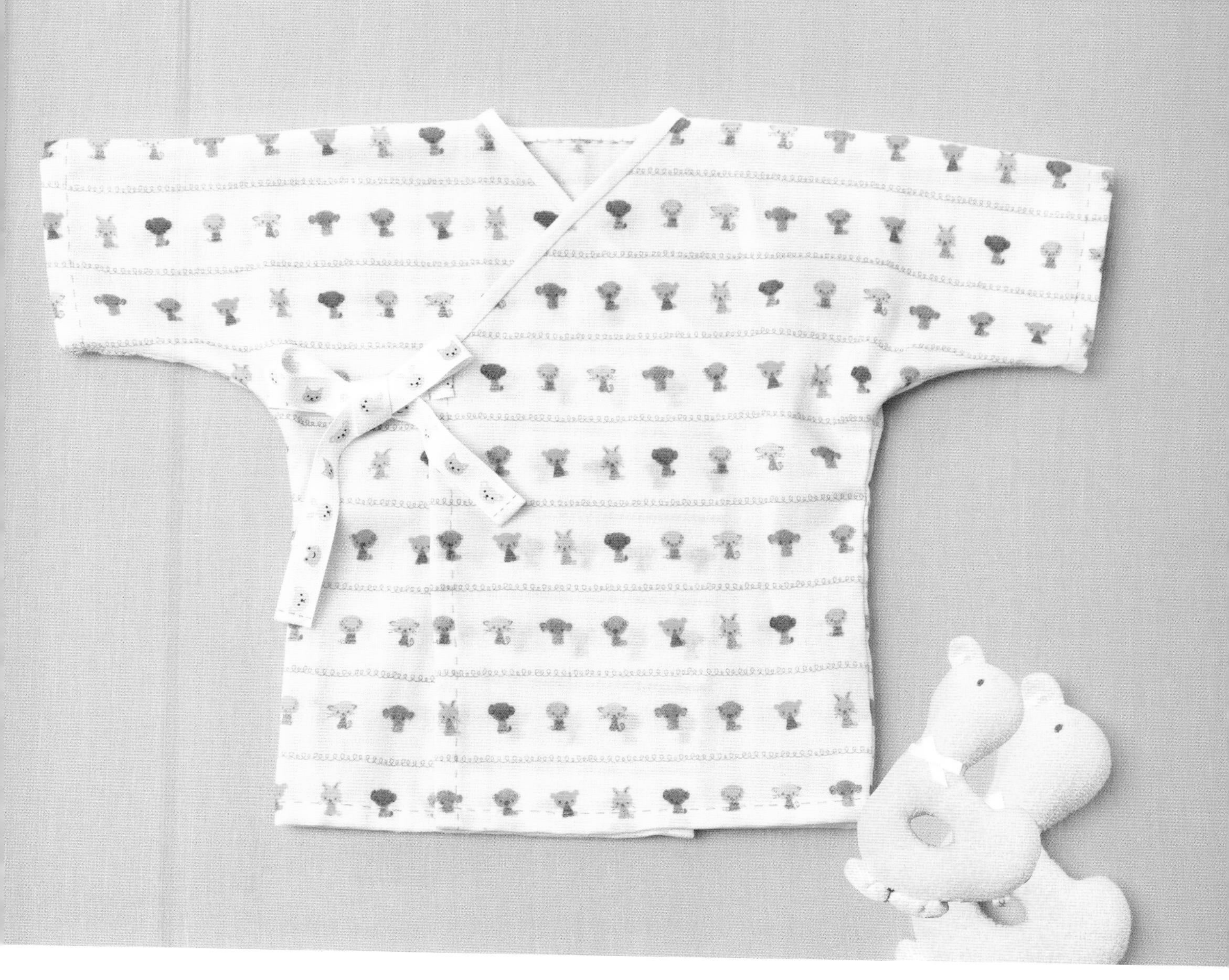

内衣 

制作方法 P.106

实物大纸型第2面【9】

宝宝贴身穿的衣物要在出生前就准备好。用吸湿性好、柔软的双层纱布做成。这是一款系带样式的内衣，宝宝平躺着也很方便穿脱。

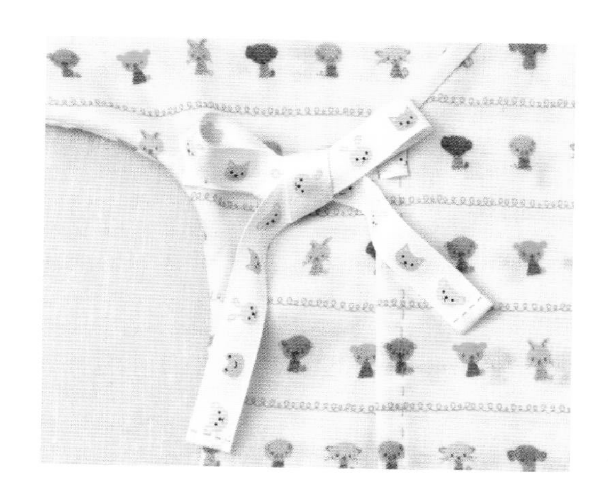

系带用的绳子，有许多颜色和花纹可供选择。因为款式比较简单，所以在目之所及的地方可以用可爱的元素来点缀一番。

罩衫

制作方法 P.102

实物大纸型第4面【18】

在条纹纱布上用素色布做口袋装饰。从前后身到袖子是一片式裁剪，然后缝合。衣襟和袖口穿上松紧带，设计得很简约，婴儿穿、脱也很方便。

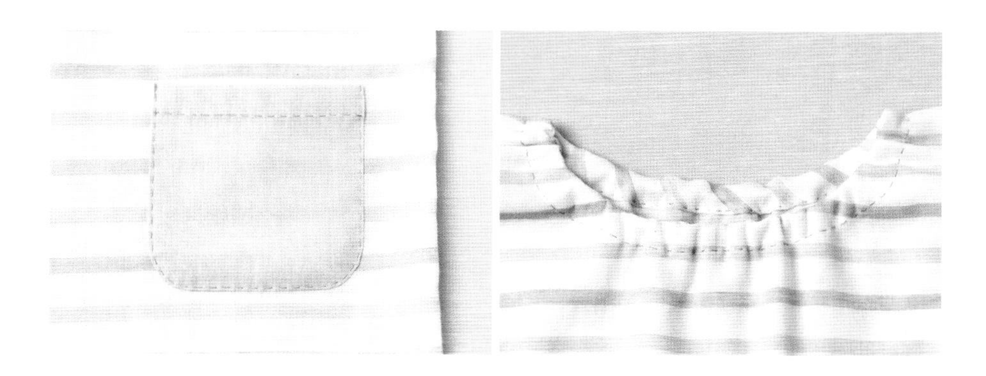

选择和条纹颜色一样的粗蓝布做口袋。蓬松的领窝和袖口上缝上蓝色针脚。

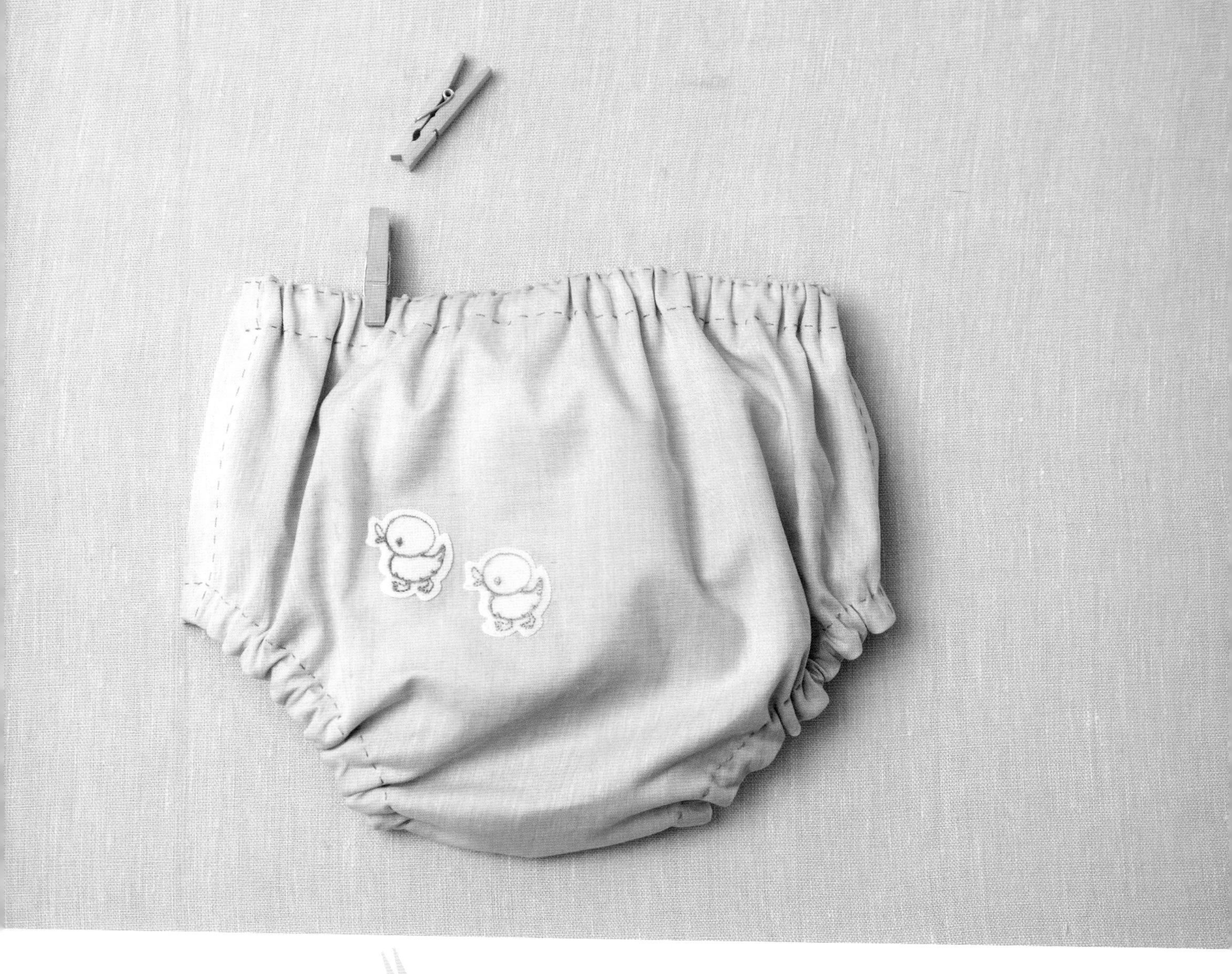

灯笼短裤

制作方法 P.104

实物大纸型第1面【5】

能包住尿布的柔软短裤，采用一片裁剪设计。采用和P.98罩衫口袋相同的粗蓝布，上下搭配着穿也很漂亮。

用熨斗将可爱的图案贴花粘贴在臀部。宝宝爬的时候也能看到，更显可爱。

制作方法

P.96

围嘴

实物大纸型第3面【13】

材料

- 表布（光滑布·印花）= 20cm×20cm
- 里布（绒布·无纹）=20cm×20cm
- 装饰布（双层纱布·圆点）=20cm×10cm
- 两折斜布条（纱布）= 宽1.27cm×140cm
- 绒球布带 = 宽0.7cm（布带宽）长20cm
- 绣章 = 1块
- 线 = 合成纤维手缝线（粉色·no.213、蓝色·no.346）

〈 裁剪图 〉

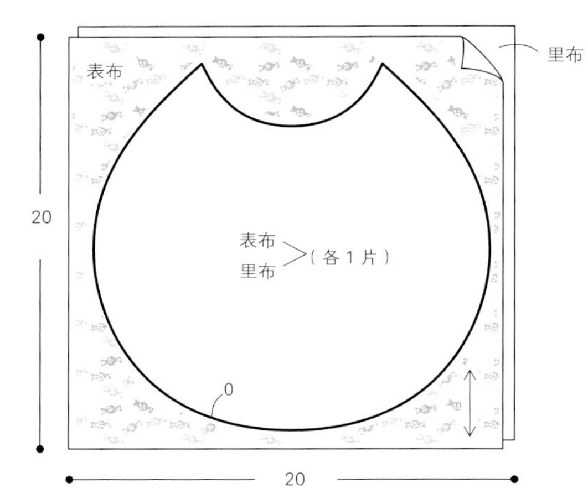

※表布和里布反面相对后放上纸型，
将 2 片一起裁剪。

1. 在表布缝上装饰布

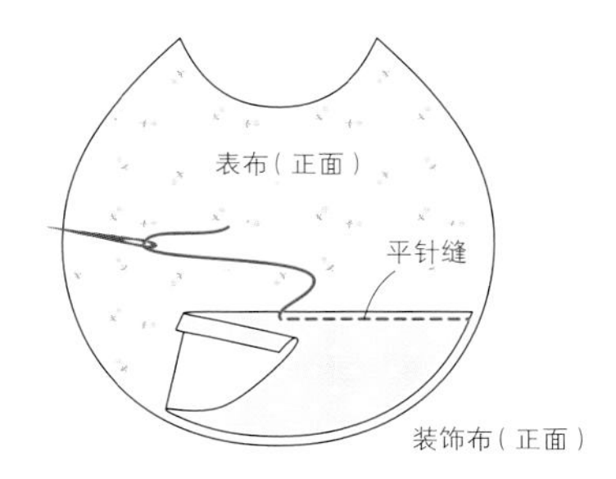

2. 装饰布上缝上绒球布带

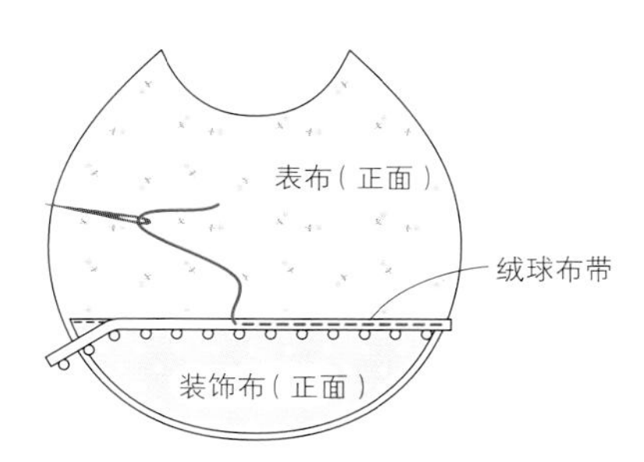

3. 将表布和里布重叠后，用斜布条将周围滚边 ➡ P.12

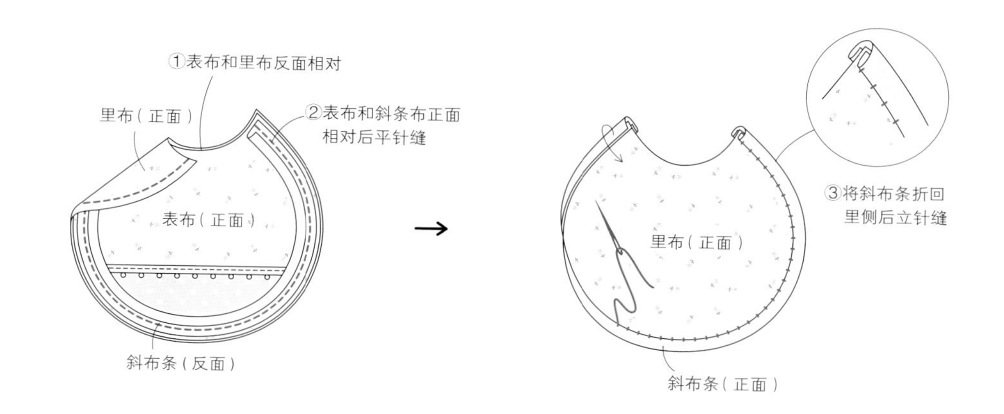

4. 缝上带子

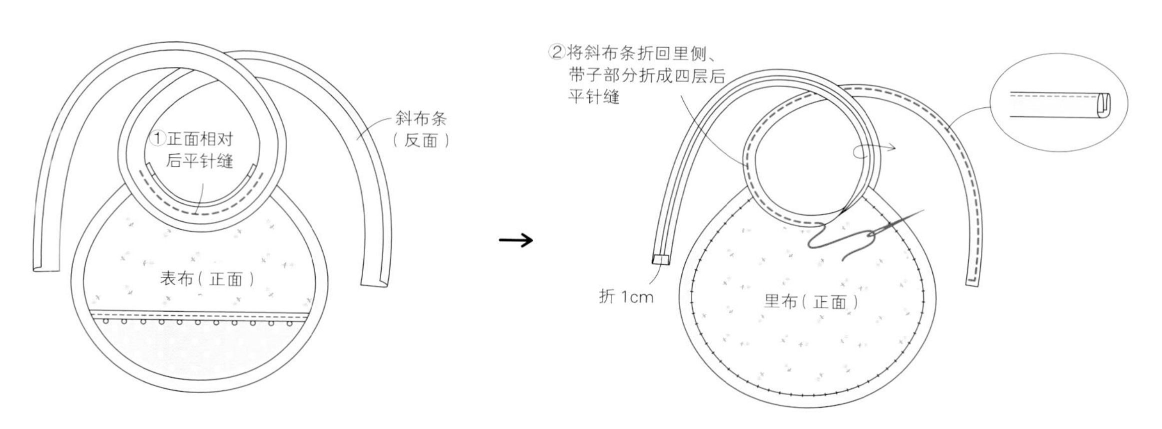

5. 缝绣章

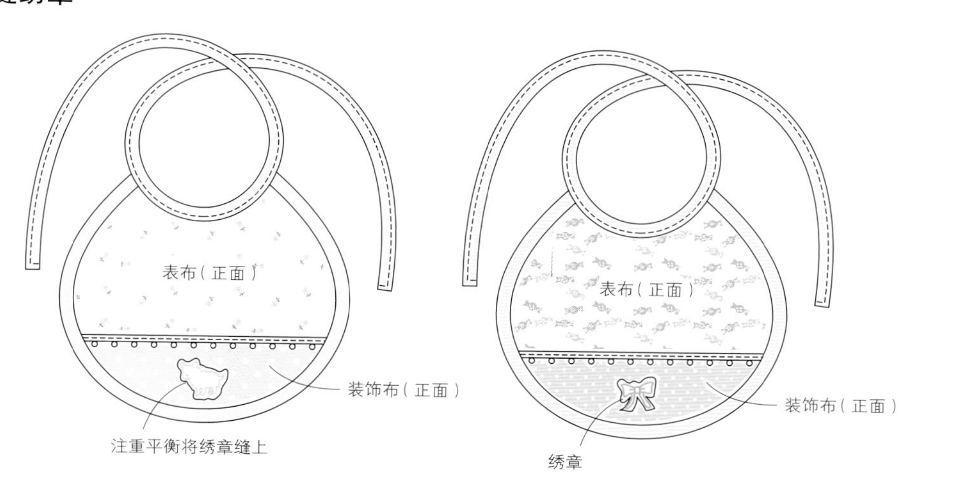

罩衫

实物大纸型第4面【18】

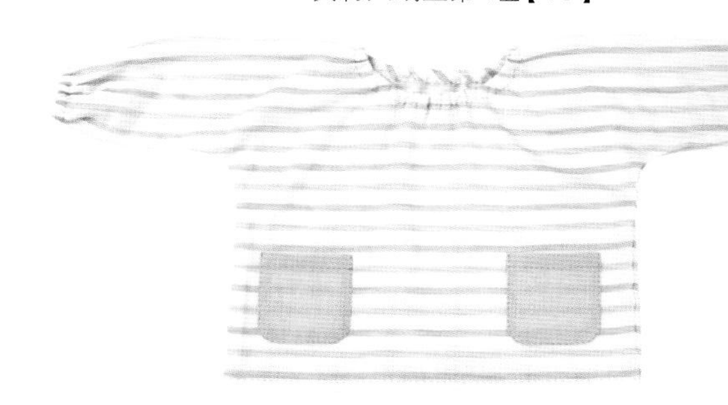

制作方法

材料　※完成后尺寸为80cm

- 表布（双层纱布·条纹）=宽110cm×105cm
- 口袋布（青年布·无纹）=25cm×15cm
- 松紧带=宽0.5cm×70cm
- 线=合成纤维手缝线（白色、蓝色·no.89）

〈裁剪图〉

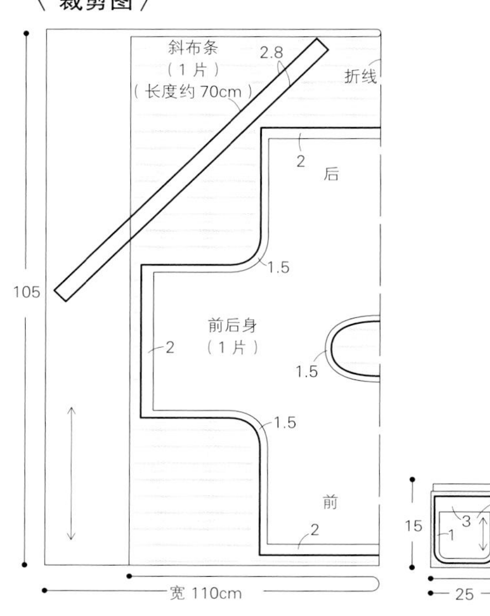

1. 制作口袋并缝合

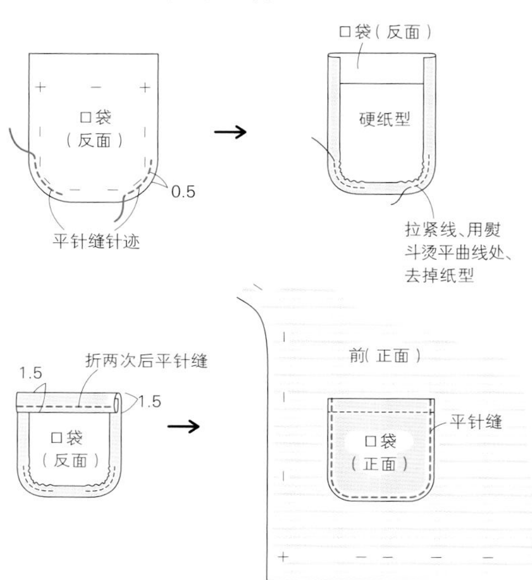

2. 在领窝处缝上斜布条

➡P.11、P.12

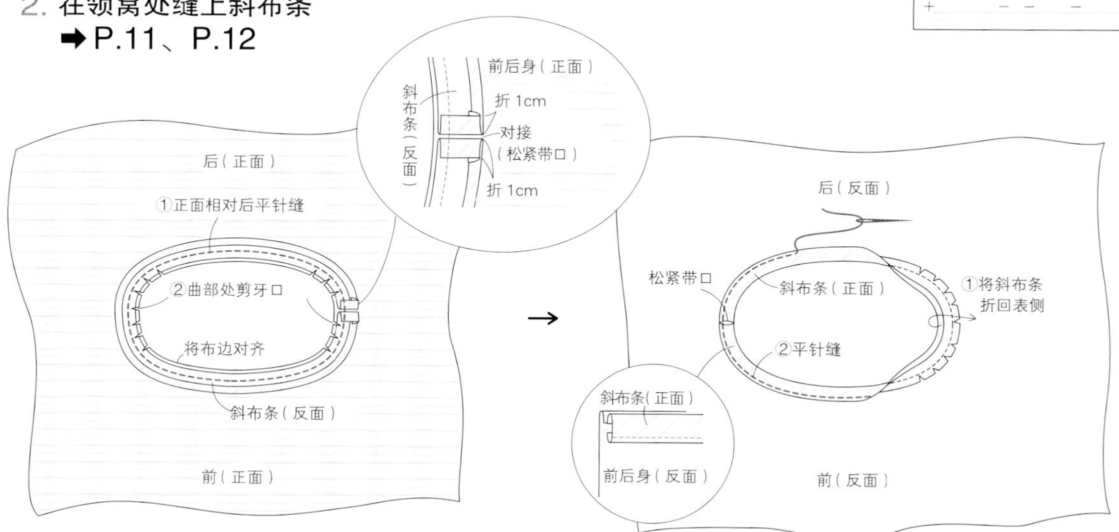

3. 包缝袖底和两侧 ➡ P.9

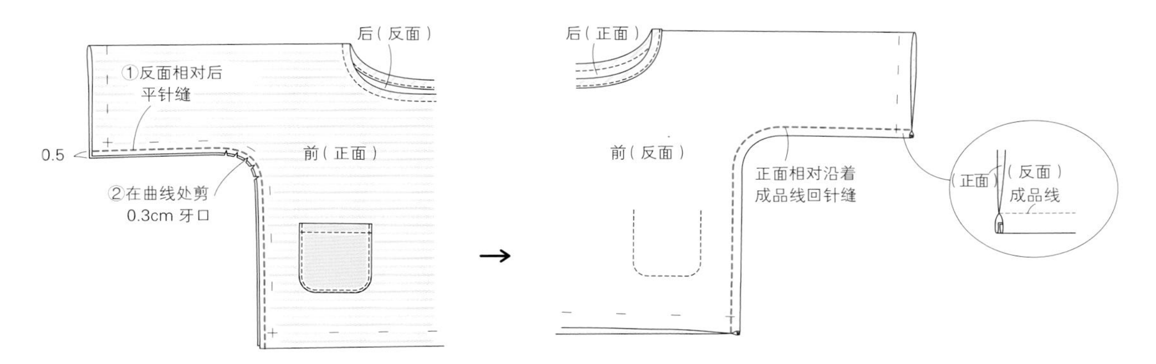

4. 将袖口、下摆折两次后平针缝 ➡ P.20

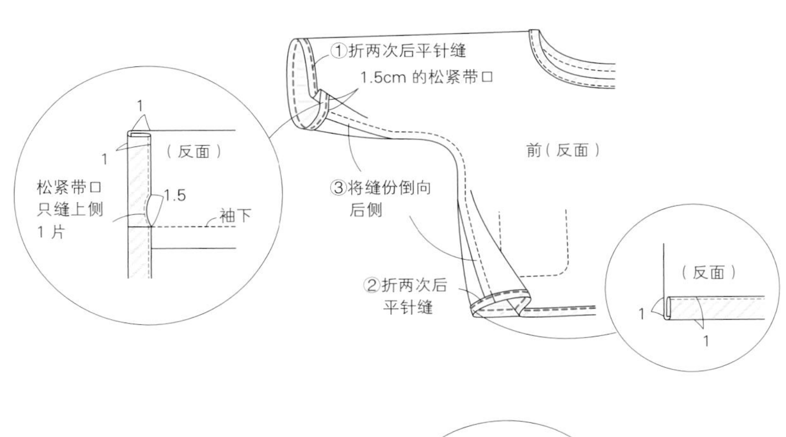

5. 穿松紧带 ➡ P.20

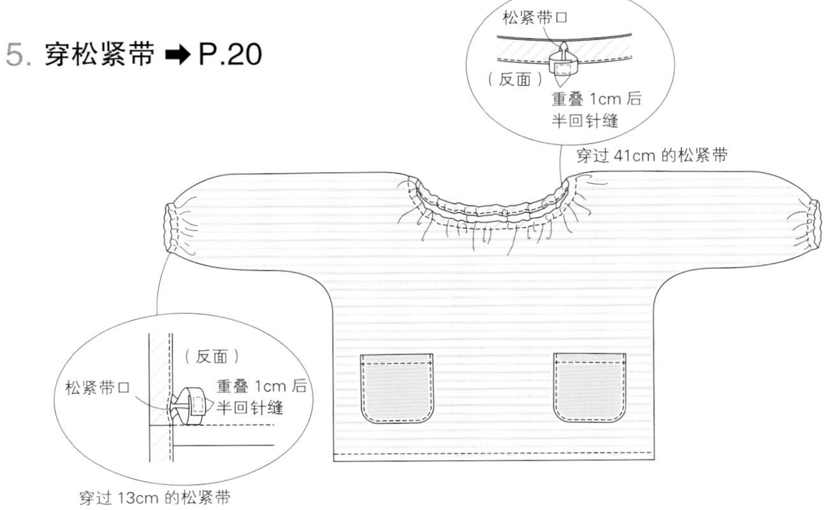

制作方法

灯笼短裤

实物大纸型第1面【5】

材料 ※完成后尺寸为80cm

- 表布（棉·无纹）=65cm×55cm
- 松紧带（腿部用）=宽0.5cm×50cm
- 松紧带（腰部用）=宽0.9cm×45cm
- 绣章=2个
- 线=合成纤维手缝线（蓝色·no.249）

〈 裁剪图 〉

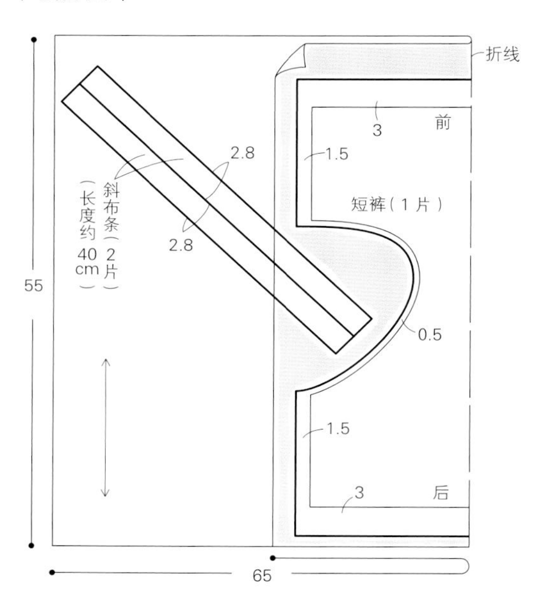

1. 将两侧外包缝➡ P.9

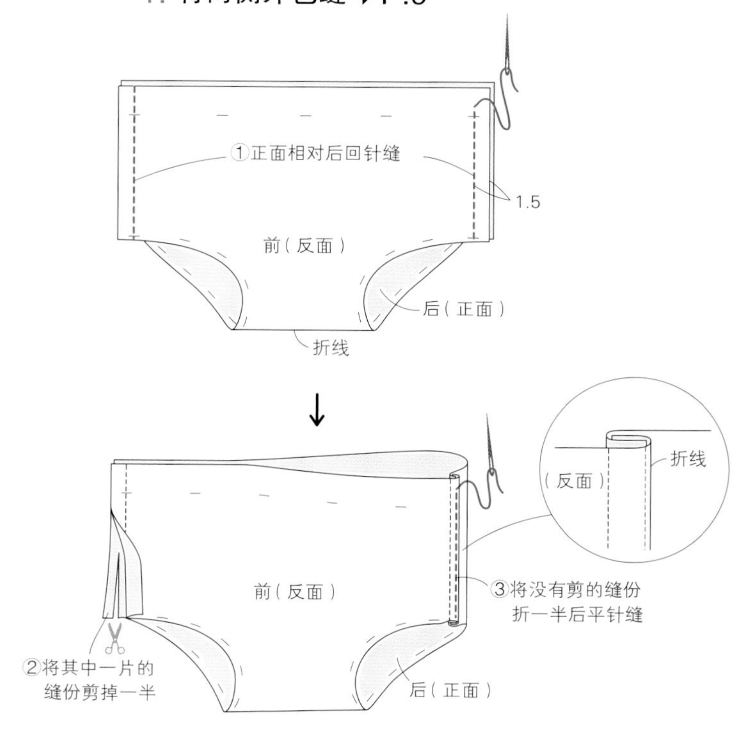

2. 在腿口处缝上斜布条➡P.12

3. 将腰部折两次后平针缝

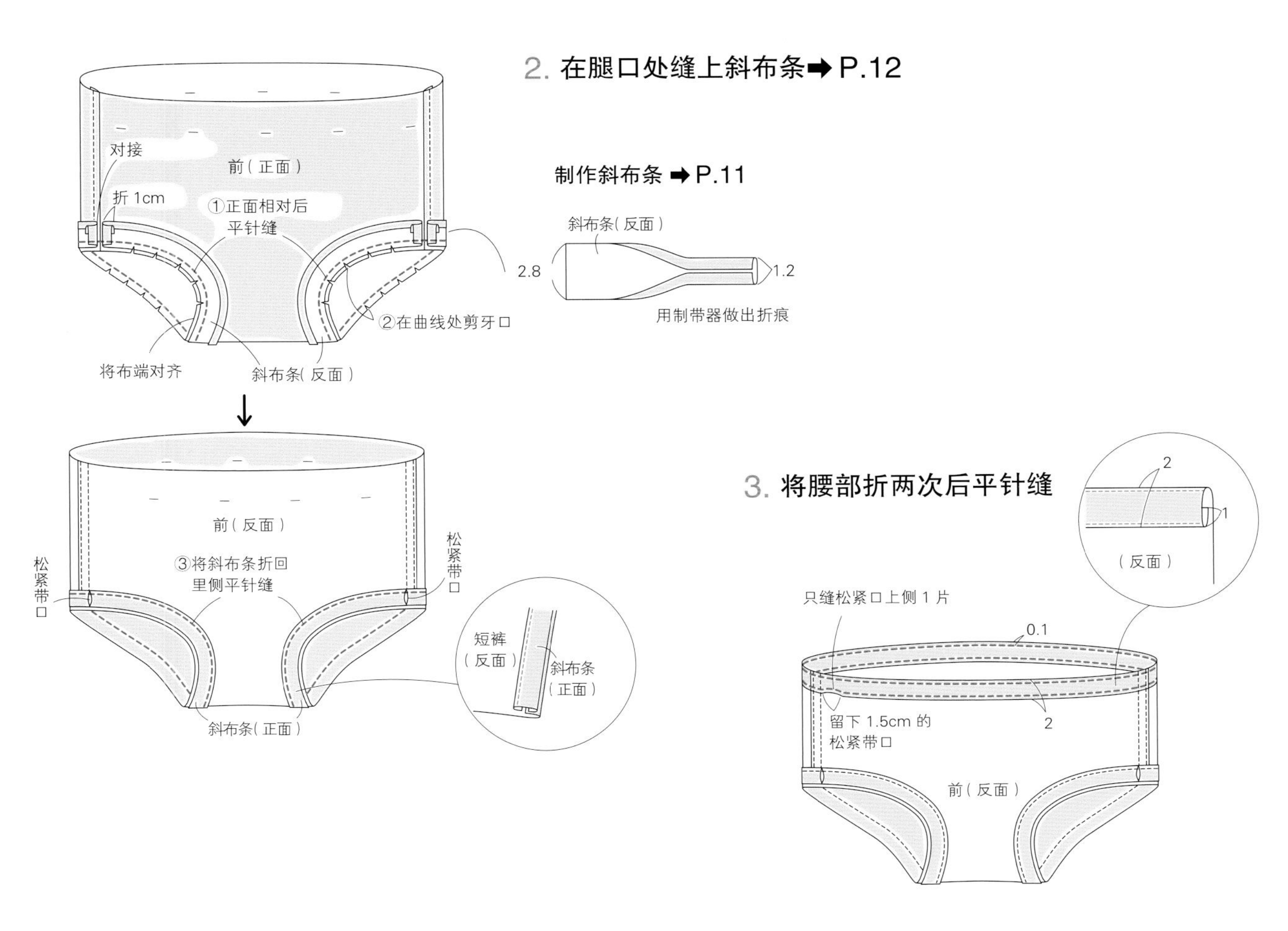

4. 穿松紧带（➡P.20）、缝上绣章

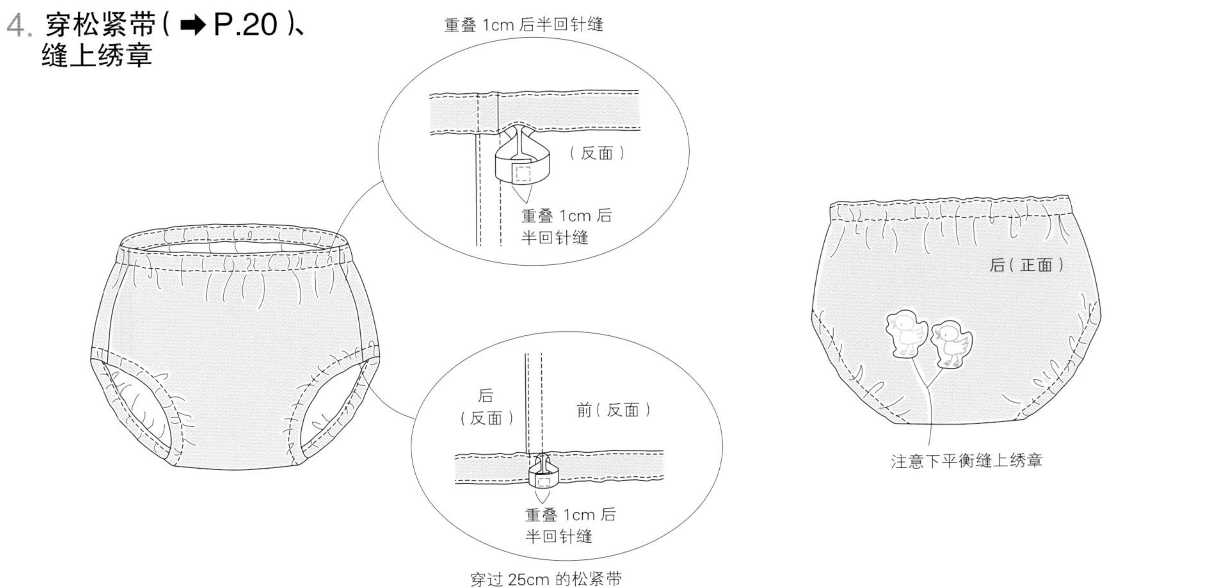

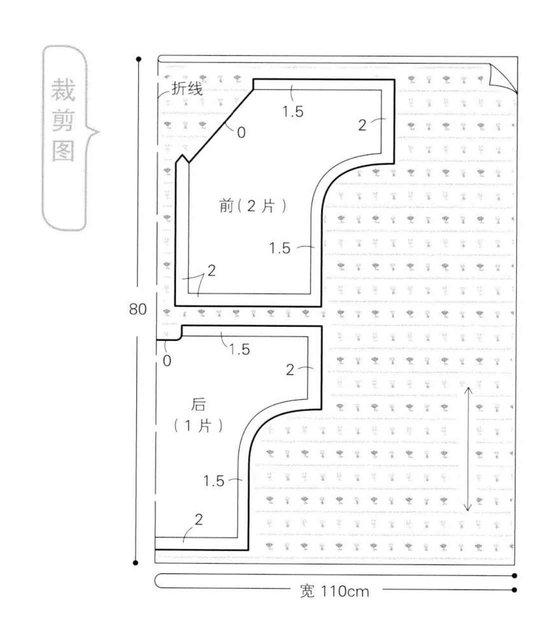

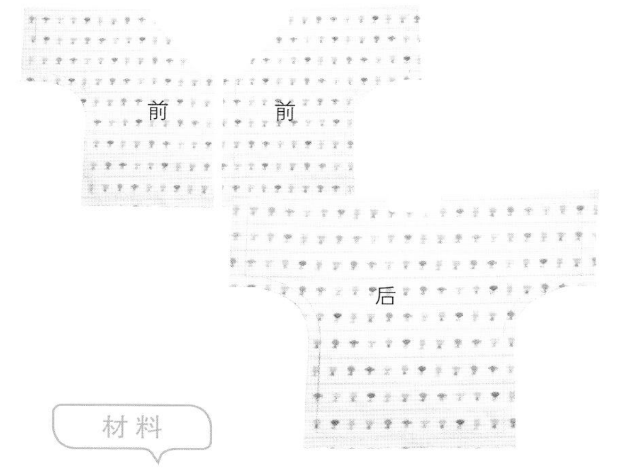

材料

- 表布（双层纱布・印花）= 宽110cm × 80cm
- 两折斜布条（纱布・无纹）= 宽1.27cm × 50cm
- 斜纹布带（棉・无纹）= 宽0.9cm × 60cm
- 棉布带（棉・印花）= 宽1.6cm × 60cm
- 线 = 合成纤维手缝线（橙色・no.35）

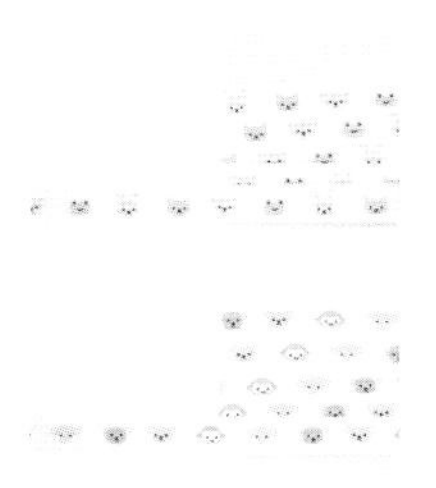

可爱花纹的棉布带作为外布带

棉布带的材质、颜色、宽度有各种各样。穿的时候可以看到的外带子，选择可爱印花也很不错。

挨着皮肤的部分用比较柔软的布料

包领窝的斜布条为纱布。内带子选择柔软的斜纹棉布（右/clover 左/captain）。

1 包缝肩部 ➡P.9

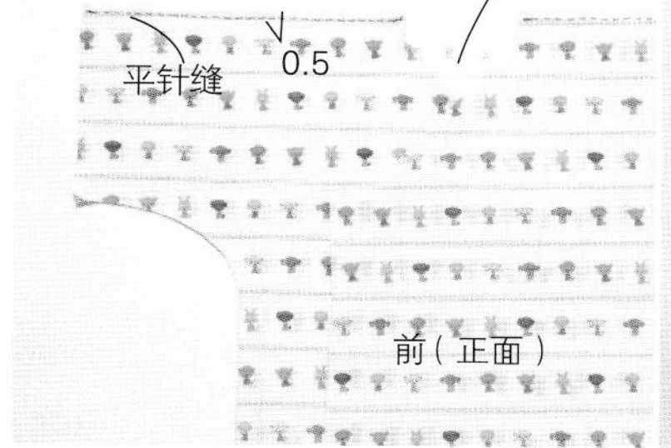

将前后身反面相对后在距离肩部0.5cm处平针缝。

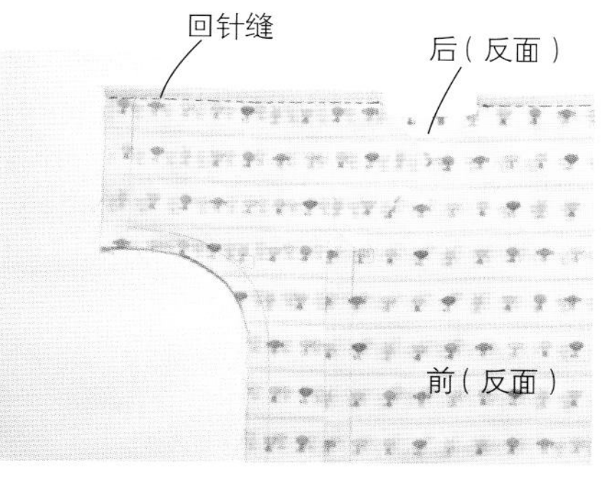

将前后身正面相对、沿着肩部的成品线回针缝。

2 包缝袖下、两侧 ➡P.9

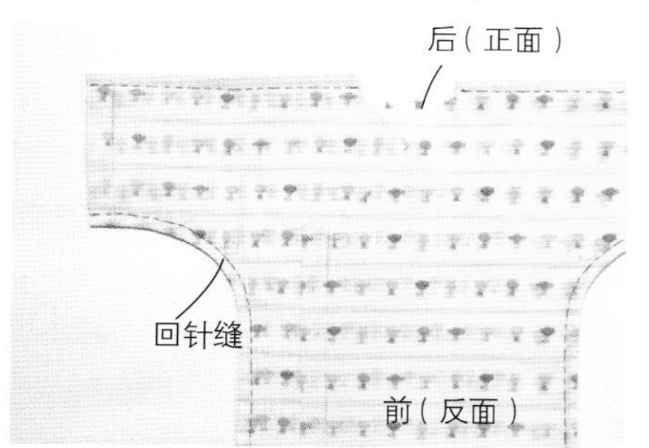

包缝袖下到两侧，将缝份倒向后侧。

3 将前端折两次后平针缝

翻回表侧，将前端折宽1cm两次后平针缝。

4 用斜布条将领窝包住 ➡P.12

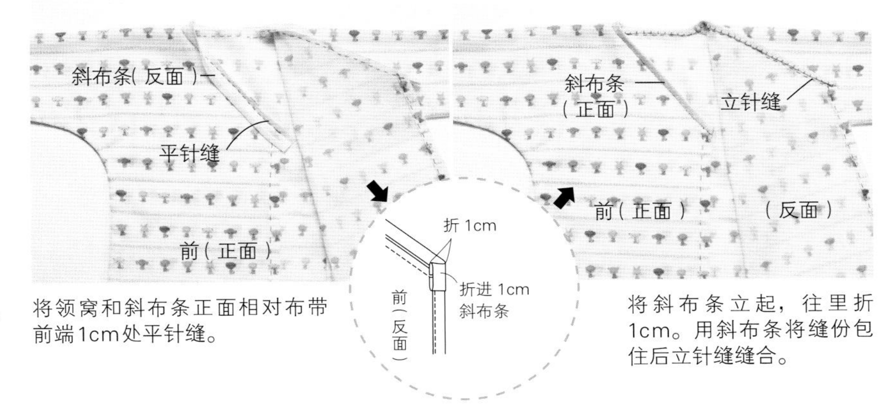

将领窝和斜布条正面相对布带前端1cm处平针缝。

将斜布条立起，往里折1cm。用斜布条将缝份包住后立针缝缝合。

5 将下摆折两次后平针缝 ➡P.20

6 将袖口折两次后平针缝

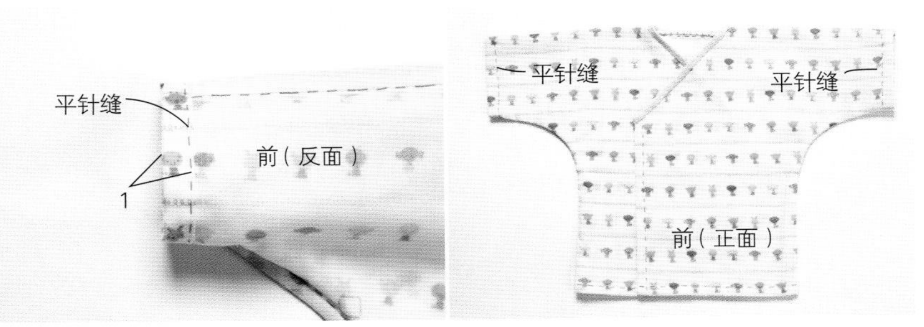

将下摆缝份折两次，宽度为1cm。之后进行平针缝。

将袖口折两次，宽度为1cm。之后平针缝。

8 缝合外带子、内带子

※外带子：棉布带，内带子：斜纹布带

外带子和内带子都剪为30cm。将各自一片折两次，宽度为0.5cm，并平针缝。

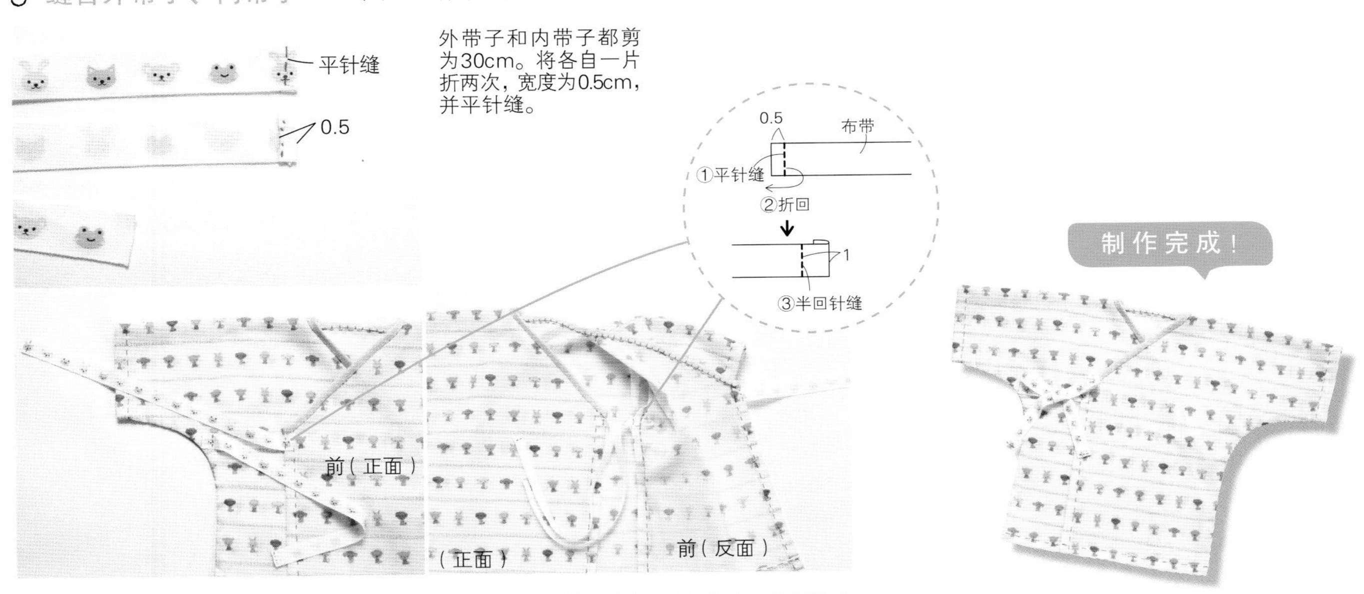

将外带子缝在左上前和右下前。

内带子缝在左上前和右下前里侧的缝份处。

疑难排解

你有衣服因为开缝或者太长而被打入衣柜冬眠吗？为了常穿的、自己喜欢的衣服，让我们学会简单、省时的修改方法吧。

修整开衩的接缝

为了便于运动，会在裤子和短上衣的下摆处留开衩。由于开衩处常用力，所以放着不管的话就会越来越严重。在开衩处未完全脱线前，发现后立即修补。

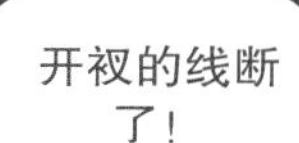

1

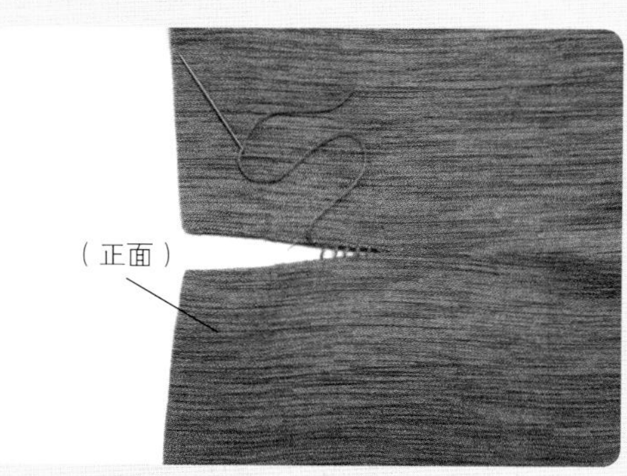

缝好后从外面看不到线，开始和结束处缝得结实点。在开始缝的地方让线按四角形穿、藏针缝缝合。

2

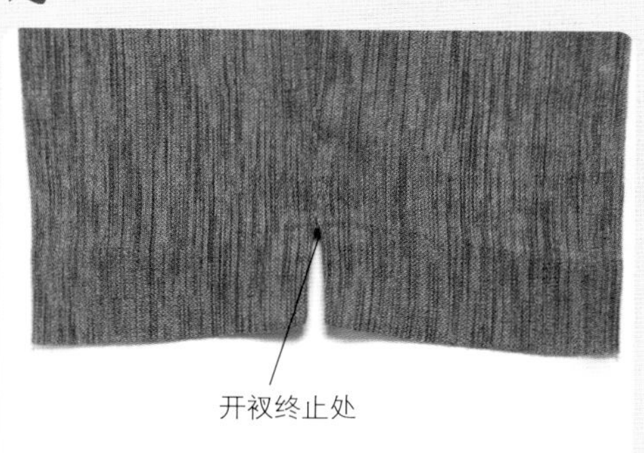

缝到开衩终止处，再次让线按四角形穿过。线出现在里侧时打结。

把裙摆改到喜欢的长度

新买到的连衣裙或裤子，试试觉得有点长，拿到店里改又觉得麻烦。一般先确认所需长度，动手改一改立马就能穿。

想让长度再短点！

1

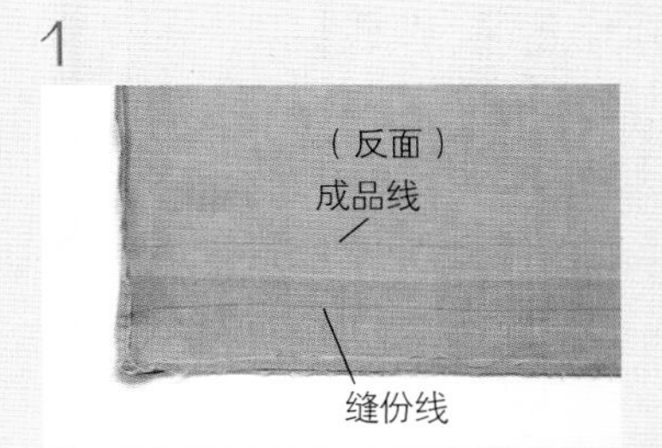

将下摆针脚拆开。从布边开始测量想剪掉的长度和加上缝份后的尺寸，用画粉笔画上成品线和缝份线。

2

将缝份下面多余的部分剪掉。

3

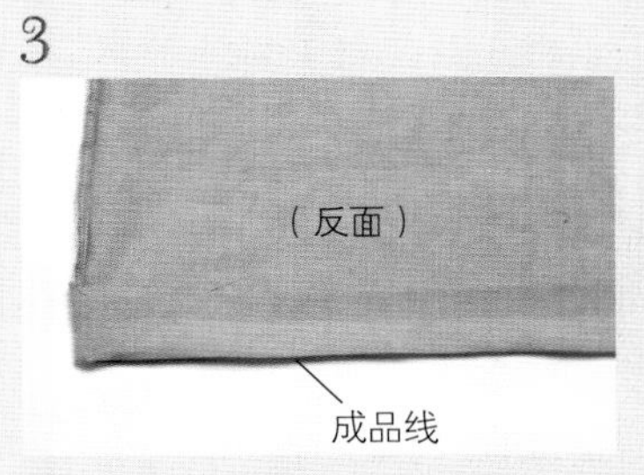

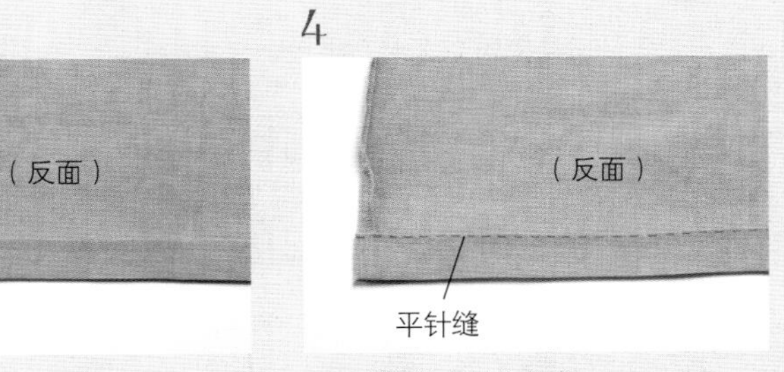

沿着新的成品线折下后将其打开，沿着折痕折两次。

4

用平针缝缝合制作完成。

补衣服上的洞

膝盖和肘部被磨破或不小心挂破，在里侧用布挡住衣服上的洞，用与布料相同颜色的线纵横平针缝缝合。用彩色手缝线也很可爱。

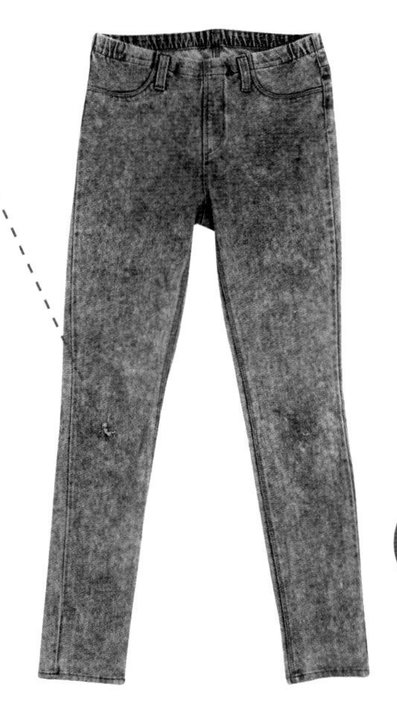

1

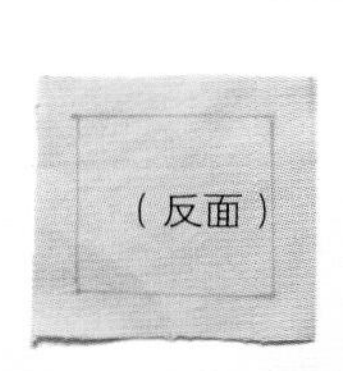

准备一块比破洞大的正方形的布。用画粉笔在距离边端1cm处画线。

2

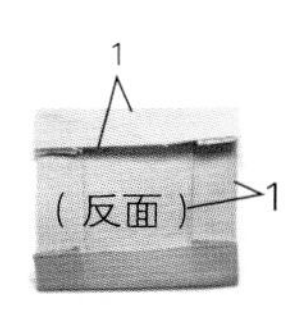

将四边的缝份往里折。

3

将布放在洞的里侧，四边平针缝缝合。

4

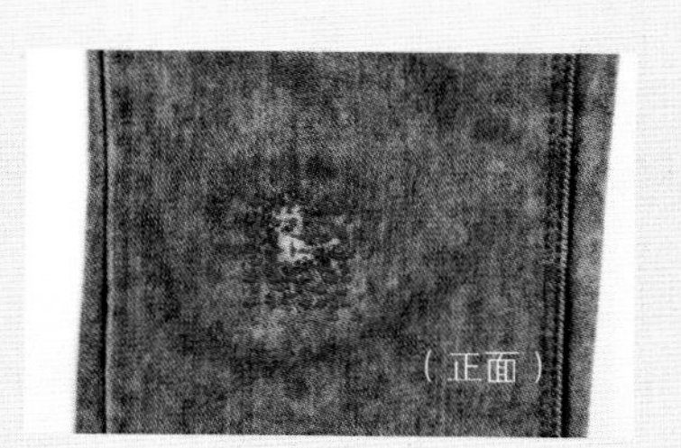

翻回表侧，沿着纵向和横向平针缝。将衬布全部都用线缝一遍，这是缝得结实的窍门。

定价：39.80 元

定价：36.00 元

定价：39.80 元

定价：36.00 元

定价：32.80 元

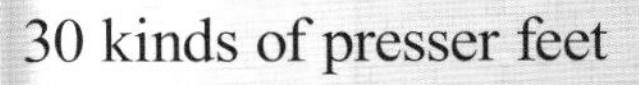

定价：49.00 元

定价：36.00 元

定价：25.00 元

定价：25.00 元

定价：25.00 元

定价：28.00 元

Photographers: ASAKO OGURA, YUKI MORIMURA, WATARU NAKATSUJI, NORIAKI MORIYA
Original Japanese edition published in Japan by NIHON VOGUE CO., LTD.,
Simplified Chinese translation rights arranged with BEIJING BAOKU INTERNATIONAL CLTURAL DEVELOPMENT Co., Ltd.

图书在版编目（CIP）数据

手缝入门教科书/（日）高桥恵美子著；张登云译. —郑州：河南科学技术出版社，2015.4（2021.3重印）
（手作族必备）
ISBN 978-7-5349-7365-9

Ⅰ.①手… Ⅱ.①高… ②张… Ⅲ.①服装裁缝 Ⅳ.①TS941.6

中国版本图书馆CIP数据核字（2014）第230773号

出版发行：河南科学技术出版社
地址：郑州市郑东新区祥盛街27号 邮编：450016
电话：（0371）65737028 65788613 65788631
网址：www.hnstp.cn
策划编辑：刘 欣
责任编辑：梁莹莹
责任校对：张小玲
封面设计：张 伟
责任印制：张艳芳
印 刷：河南新达彩印有限公司
经 销：全国新华书店
开 本：889 mm × 1 194 mm 1/16 印张：10 字数：260千字
版 次：2015年4月第1版 2021年3月第6次印刷
定 价：59.00元

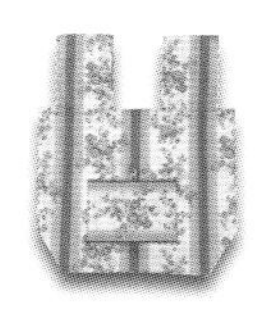

Lesson 2

Lesson 3

Lesson 4

卷首语

只要有了针、线和柔软的布料，
任何人都能从事简单的手工缝纫。

本书详细介绍了初次动手的人也能轻松制作的手工缝纫基础。

根据缝法不同，手工也可以制作出结实的作品。
使用工具可以使缝纫变得更简单、更好。

先从制作小物件开始，慢慢地再开始做包包和衣服。

手工衣服所用的缝法是与以往看起来很复杂的西式裁剪完全不同的新方法。
立体裁剪的样式有着简单且漂亮的线条，
缝合后可制成柔软、舒适的衣服。

请悠闲地享受手工缝纫的乐趣。

高桥惠美子